Frauen, Männer und Technik

Europäische Hochschulschriften
Publications Universitaires Européennes
European University Studies

Reihe XXII
Soziologie

Série XXII Series XXII
Sociologie
Sociology

Bd./Vol. 374

PETER LANG
Frankfurt am Main · Berlin · Bern · Bruxelles · New York · Oxford · Wien

Margrit Mooraj

Frauen, Männer und Technik

Ingenieurinnen in einem männlich besetzten Berufsfeld

PETER LANG
Europäischer Verlag der Wissenschaften

Die Deutsche Bibliothek - CIP-Einheitsaufnahme

Mooraj, Margrit:

Frauen, Männer und Technik : Ingenieurinnen in einem
männlich besetzten Berufsfeld / Margrit Mooraj. - Frankfurt am
Main ; Berlin ; Bern ; Bruxelles ; New York ; Oxford ; Wien :
Lang, 2002
   (Europäische Hochschulschriften : Reihe 22, Soziologie ;
   Bd. 374)
   ISBN 3-631-39172-2

ISSN 0721-3379
ISBN 3-631-39172-2

© Peter Lang GmbH
Europäischer Verlag der Wissenschaften
Frankfurt am Main 2002
Alle Rechte vorbehalten.

Das Werk einschließlich aller seiner Teile ist urheberrechtlich
geschützt. Jede Verwertung außerhalb der engen Grenzen des
Urheberrechtsgesetzes ist ohne Zustimmung des Verlages
unzulässig und strafbar. Das gilt insbesondere für
Vervielfältigungen, Übersetzungen, Mikroverfilmungen und die
Einspeicherung und Verarbeitung in elektronischen Systemen.

www.peterlang.de

Vorwort

Mit dem Titel: "Frauen, Männer und Technik" auf den Aufsatz von Niklas Luhmann: "Männer, Frauen und George Spencer Brown" anspielend und inhaltlich von einer aktuellen PR-Aktion zur Gewinnung von Frauen für den Ingenieurberuf ausgehend, begibt sich Margrit Mooraj auf die Suche nach soziologischen Erklärungsansätzen für den geringen Frauenanteil in diesem "typischen" Männerberuf. Diese Suche nach Deutungsangeboten geschieht in klar gegliederten und didaktisch klug miteinander verbundenen Kapiteln.

Nach der Einleitung (Kap. 1), welche die Ziele der Arbeit vorgibt und die untersuchungsleitenden Thesen formuliert, widmet sich die Verfasserin in Kap. 2 der Inhaltsanalyse einer Werbekampagne zur Erhöhung des Frauenanteils in ingenieurwissenschaftlichen Berufen und eruiert deren implizite, in ihren mittelbaren und verdeckten Diskriminierungen z.T. entlarvende Annahmen mit dem geschlechtersensiblen Blick der Soziologin. Kap. 3 enthält eine mit aktuellem Datenmaterial, z.B. auch Hörfunkmanuskripten und Publikationen der Bundesanstalt für Arbeit (BA) sowie des Deutschen Ingenieurinnen Bundes (dib), belegte Analyse des Ist-Zustandes auf diesem traditionell männlich besetzten Berufsfeld. Dabei findet sowohl die Ebene der realen Beschäftigungsstrukturen wie die der von Ingenieurinnen subjektiv wahrgenommenen Berufssituation Berücksichtigung. In diesem Zusammenhang thematisiert werden u.a. die geschlechtsspezifische Segmentierung des Arbeitsmarktes für IngenieurInnen, spezielle Frauentutorien während des Studiums und die Frage der (Un-)Vereinbarkeit von Beruf und Familie.

Auf diesen empirisch ausgerichteten Teil folgt in den Kap. 4 - 6 der theoretisch angelegte Untersuchungsteil. Dieser beleuchtet nach einer auf hohem Reflexionsniveau aufgearbeiteten Rezeption des Habitus-Konzepts, der Theorie des sozialen Raumes und der unterschiedlichen Kapitalarten von Pierre Bourdieu (Kap. 4) zunächst das Geschlechterverhältnis als Herrschaftsverhältnis (Kap. 5). Die daraus gewonnenen Einsichten wendet die Verfasserin in Kap. 6 auf das untersuchte Berufsfeld an und beschreibt es als Spielfeld der (Männer-)Macht.

In der Schlussbetrachtung in Kap. 7 entwickelt die Autorin Vorschläge zur Beseitigung der Unterrepräsentanz von Frauen im IngenieurInnenberuf, die über bisherige Versuche in dieser Richtung hinausgehen. In einem kurzen Anhangsteil finden sich eine Übersicht über ingenieurwissenschaftliche Studienfächer sowie eine Auswahl einschlägiger Werbematerialien.

Unkonventionell ist der Einstieg über eine Werbekampagne, vielfach neu sind die gewonnenen Sichten und Einsichten, etwa zu den vor allem durch Bourdieu theoriegeleiteten und von der Autorin als möglicher Benachteiligungsgrund identifizierten Konnotationen zwischen Weiblichkeit und Technikdistanz, erhellend die aus der Inhaltsanalyse ausgewählter industrieller Werbematerialen und regierungsamtlicher Informationsschriften, z.B. des Bundesministeriums für Bildung und Forschung (BMBF), abgeleiteten Erkenntnisse darüber, wie in einem nicht nur hier anzutreffenden "double talk" Gleichheitsrhetorik und Ungleichheitsrealität auseinanderfallen oder faktische Benachteiligungen von Frauen gar in Vorteile umgedeutet werden.

Die Magisterarbeit, die hiermit - eine auch publizistische Auszeichnung ihrer Verfasserin - zur Buchveröffentlichung gelangt, ist nicht nur gut lesbar, sondern auch lesenswert. Selbst KennerInnen der Materie vermittelt die vorgelegte Analyse noch eine Vielzahl interessanter Erkenntnisse und empirisch fundierter Ergebnisse. Die Autorin überzeugt durch eine kritische Distanz sowohl zu Vertretern des soziologischen "main stream" wie zur sozialwissenschaftlichen Frauenforschung. Dank ihres differenzierten Urteilsvermögens gelingt es ihr, alle Klischees zu vermeiden, wie sie gerade auf diesem Forschungsfeld durch eine Reihe von allzu einfachen Benachteiligungsansätzen - auch in der vorfindbaren soziologisch-feministischen Fachliteratur - reproduziert werden und so vorhandene Diskriminierungen eher vergrößern als verkleinern.

Die Verfasserin verfügt über ein aus vielerlei, u.a. aus historischen Quellen gespeistes, entsprechend breites Wissen, etwa zur Technikgeschichte und zur Geschichte des Geschlechterverhältnisses, das sie in ihrer Argumentation souverän verarbeitet, sie überzeugt aber auch durch die kompetente Präsentation aktueller empirischer Kenntnisse, z.B. über den geschlechtsspezifischen Umgang mit Computern. Ihre erkennbar engagiert und mit elaboriertem Problembewusstsein geschriebene, konsequent durchstrukturierte und im Rahmen einer Qualifikationsschrift vorgelegte, eigenständige soziologische Analyse beweist Mut zur pointierten - im Wortsinn auf den Punkt gebrachten - Aussage und zum Beziehen klarer Positionen. Mit der von Margrit Mooraj erbrachten Leistung wird nicht zuletzt die theoretische Anschlussfähigkeit von soziologischer Frauenforschung und "main stream"-Soziologie eindrucksvoll unter Beweis gestellt und deren durch Synergieeffekte steigerbares Erkenntnispotential exemplarisch demonstriert.

Bonn, im März 2002   Doris Lucke

Inhaltsverzeichnis

1. Einleitung 13

  1.1 Gegenstand der Arbeit 13

  1.2 Thesen der Arbeit 16

  1.3 Gliederung der Arbeit 19

2. Eine Werbekampagne und ihre impliziten Annahmen 23

  2.1 Die plötzliche Nachfrage nach Frauen für den Ingenieurberuf 23

  2.2 Die diskursiven Strukturelemente der Kampagne 24

    2.2.1 Thema: Frauen und ihre Schlüsselqualifikationen 25

    2.2.2 Thema: Das überholte Image des Ingenieurs 26

    2.2.3 Thema: Frauen und Mathematik 26

    2.2.4 Thema: Vereinbarkeit von Karriere und Familienwunsch 27

  2.3 Die impliziten Annahmen dieser Kampagne 27

3. Analyse empirischer Befunde zur Situation von Ingenieurinnen in Deutschland 33

  3.1 Daten zur Studiensituation 33

  3.2 Erfahrungen im Studium 34

    3.2.1 Gründe für die Nichtwahl des Technikstudiums 34

    3.2.2 Einzelkämpfertum und Konkurrenzverhalten 36

    3.2.3 Unauffällig bleiben und geschlechtslos erscheinen 39

    3.2.4 Sonderbenotung und Frauentutorien 40

3.3	Daten zur Beschäftigungssituation	43
	3.3.1 Berufseintritt	43
	3.3.2 Einkommensverteilung	45
3.4	Zur subjektiv wahrgenommenen Beschäftigungssituation	47
	3.4.1 Berufliche Segregation	47
	3.4.2 (Un-)Vereinbarkeit von Familienwunsch und Berufstätigkeit	49

4. Pierre Bourdieus Soziologie des Habitus 57

   4.1 Das Habitus-Konzept: Soziale Ordnung, Struktur und Praxis 57

   4.2 Zur Komplementarität von Habitus und Feld 64

   4.3 Die Kapitalarten 68

      4.3.1 Ökonomisches Kapital 68
      4.3.2 Kulturelles Kapital 69
      4.3.3 Soziales Kapital 71
      4.3.4 Symbolisches Kapital 73

   4.4 Die feldinterne Dynamik 74

5. Das Geschlechterverhältnis aus der Perspektive des Habitus-Konzeptes 79

   5.1 Die männliche Herrschaft (Bourdieu) 80

   5.2 Die Polarisierung der Geschlechtscharaktere (Hausen) 83

   5.3 Vom Ein-Geschlecht-Modell zum Zwei-Geschlechter-Modell (Laqueur) 89

   5.4 Das Geschlechterverhältnis als Herrschaftsverhältnis 92

   5.5 Die männliche *illusio* und die Spiele 101

6. Frauen, Männer und das technische Feld 111

6.1 Technik als männlicher Mythos 111

6.2 Die historische Entwicklung des Ingenieurberufs 112

6.3 Der männliche Habitus und die Technik als Spielfeld 113

6.4 Bedarfslücke und Veränderungsbedarf im technischen Feld 121

6.5 Der historische Hintergrund
von Frauen in den Ingenieurwissenschaften 123

6.6 Ein Vergleich mit anderen Ländern 125

7. Schlussbetrachtung 129

Literaturverzeichnis 137

1. Einleitung

1.1 Gegenstand der Arbeit

Seit den 80er Jahren gibt es eine Vielzahl von empirischen Studien, theoretischen Ansätzen und Modellprojekten zum Thema "Frauen und Technik" bzw. "Frauen in technischen Berufen" (vgl. Roloff, 1996, S. 39; Faulstich-Wieland, 1987a; Metz-Göckel et al., 1991; Teubner, 1989). Begründet werden diese Aktivitäten damit, dass in Deutschland der Frauenanteil in den technischen Berufen verschwindend gering ist; dies gilt sowohl für gewerblich-technische Berufe als auch für technische Berufe mit akademischem Abschluss wie die Ingenieurberufe. Dabei herrschen zwei Begründungsmuster dafür vor, warum Frauen verstärkt in technische Berufe gehen sollten: Zum einen soll das einseitige Berufswahlspektrum von Frauen aufgebrochen werden; zum anderen sollen Frauen schon aus Gründen der Gleichberechtigung an einem gesellschaftlich so einflussreichen Projekt, wie es die technologische Entwicklung für unsere Gesellschaft darstellt, die Möglichkeit zur Teilhabe und Interessenwahrnehmung auf allen Ebenen erhalten. Denn bislang wird Technik von Frauen zwar im beruflichen wie privaten Bereich tagtäglich benutzt, sie sind aber weder als Akteure in den Institutionen, in denen über technologische Entwicklungen geforscht wird, noch in der Produktion technischer Geräte und technischer Großsysteme in den Führungspositionen angemessen vertreten. Auch bei den entsprechenden Entscheidungsprozessen, die der Implementierung neuer Technologien vorausgehen, sind Frauen nicht beteiligt. Schließlich wird oft angeführt, dass technische Berufe hinsichtlich der Beschäftigungs- und Einkommensmöglichkeiten und Karrierechancen zukunftsorientiert sind. Darüber hinaus erhoffen sich manche AutorInnen von der stärkeren Beteiligung von Frauen an technischen Entwicklungen auch die Chance einer "menschenfreundlicheren" Technik, d.h. einer Technik, die ökologische und soziale Aspekte stärker berücksichtigt (vgl. Krüger, 1990; Kuark, 1997; zur angloamerikanischen Debatte: Wajcman, 1994, S. 34ff.).

Praktisch sieht es so aus, dass viele der oben erwähnten Maßnahmen die Mädchen und jungen Frauen gezielt ansprechen und z.b. für den Besuch einer Schnupper-Uni in naturwissenschaftlich-technischen Fächern werben (ca. zwei Wochen in den Sommerferien). Außerdem werden an den technisch-naturwissenschaftlichen Universitäten und Fachhochschulen Frauentutorien eingerichtet. Ferner wird auf die einseitige Gestaltung des Mathematik- und Physikunterrichts hingewiesen. Schließlich wird in immer mehr koedukativen Schulen der Informatikunterricht getrennt nach Geschlechtern durchgeführt.

Diese seit den 80er Jahren laufenden Projekte haben nun seit Mitte der 90er Jahre vor allem durch die Medien eine bemerkenswerte Unterstützung erfahren, und zwar wiederum mit dem Thema "Frauen und technische Berufe". Dies hat folgenden Hintergrund: Anfang der 90er Jahre nahmen die Studienanfängerzahlen in den Ingenieurwissenschaften deutlich ab: 1992 lag die Zahl der Studierenden im 1. Fachsemester noch bei 62.600, 1997 dagegen nur noch bei 45.500 Studienanfängern, obschon die absolute Zahl der Studienanfänger im selben Zeitraum kontinuierlich anstieg. Der Rückgang in den Ingenieurwissenschaften betrug für den oben genannten Zeitraum insgesamt 27,3 % (vgl. Statistisches Bundesamt, Mitteilungen für die Presse vom 2. April 1998). Dabei gilt als eine Ursache für das abnehmende Interesse, einen ingenieurwissenschaftlichen Studiengang zu wählen, die schlechte Arbeitsmarktsituation für IngenieurInnen, die Ende der 80er Jahre einsetzte. Denn die Zahl der arbeitslosen IngenieurInnen hatte sich seit Ende der 80er Jahre auf 65.000 verdreifacht. Besonders betroffen waren davon die Maschinenbau- und Elektrotechnik-IngenieurInnen. Dies sind auch die beiden ingenieurwissenschaftlichen Fächer, die den stärksten Rückgang bei den Studierendenzahlen insgesamt zu verzeichnen haben. 1996 kam der Negativtrend im Maschinenbau und in der Elektrotechnik jedoch weitgehend zum Stillstand, und in den letzten Jahren hat sich der Trend sogar umgekehrt: Nun prognostizieren die Ingenieurverbände für die kommenden Jahre einen eklatanten Mangel an Ingenieuren, insbesondere im Bereich Maschinenbau und Elektrotechnik.

In Anbetracht dieses zu erwartenden erheblichen Fachkräftemangels wird nun seit Mitte der 90er Jahre eine breit gestreute Werbekampagne lanciert; diese umfasst u.a. Artikel in Tageszeitungen, eine Hörfunksendung, die Behandlung des Themas in Frauenzeitschriften und Zeitungen, Info- und Werbematerial der Verbände sowie Werbung im Kino, die allesamt junge Frauen als Zielgruppe für ein Ingenieurstudium zu motivieren suchen. Auffällig ist dabei die Rhetorik der Werbekampagne, enthält sie doch durchgängig vier Elemente: Zum ersten verspricht sie einen interessanten Beruf mit guten Aufstiegschancen. Zweitens wirbt sie damit, dass Frauen in Zukunft gerade aufgrund ihrer "weiblichen" Qualifikationen (gemeint sind damit u.a. Kommunikationsfähigkeit, Teamorientierung, Empathie und Kooperationsbereitschaft) mehr gefragt sein werden, weil Ingenieure sich mittlerweile einem veränderten Anforderungsprofil gegenübersehen. Weiterhin wird vielfach die Technikdistanz von Frauen beklagt, außerdem das begrenzte und traditionelle Berufswahlverhalten junger Frauen. Schließlich wird vermutet, dass Frauen "falsche Vorstellungen" über das Berufsbild des Ingenieurs haben.

Schaut man nun auf die Erfolge der bisherigen Maßnahmen, den Frauenanteil in technischen Berufen zu steigern, erscheinen diese als ausgesprochen dürftig. So sind für die Aktivitäten der 80er Jahre in Teilbereichen sogar rückläufige Tendenzen zu beobachten, wie das Absinken der Frauenanteile im Informatikstudium oder die Situation ostdeutscher Ingenieurinnen, die nach der Wende im Verhältnis zu ihren männlichen Kollegen überproportional arbeitslos wurden und daraufhin oftmals Umschulungen in frauentypische Berufe wahrnahmen. Außerdem passten sich in den Folgejahren aufgrund der schlechten Arbeitsmarktchancen für Ingenieurinnen in den NBL[1] auch die Frauenanteile in den technisch-naturwissenschaftlichen Studienfächern an das Niveau in den ABL an.

---

[1] Für die Bezeichnung der neuen Bundesländer werde ich im folgenden die Abkürzung NBL verwenden und analog dazu ABL für die alten Bundesländer.

Bei der Medienkampagne der 90er Jahre ist festzustellen, dass die Aussagen der Werbeträger sogar im diametralen Verhältnis zu den empirischen Daten über die Situation von Frauen in technischen Berufen stehen. Offensichtlich betrifft der Ausschluss von Frauen aus männlich dominierten Berufen immer noch den Zugang zur Ausbildung.[2] Darüber hinaus scheinen die Ausschlussmechanismen Frauen jedoch vor allem an der 2. Schwelle zu treffen, nämlich bei der Aufnahme der Berufstätigkeit. Dies gilt insbesondere für Ingenieurinnen der Fächer Maschinenbau und Elektrotechnik. Denn die Beschäftigung mit der Arbeitsmarkt- und Beschäftigungssituation von Ingenieurinnen in diesen beiden Berufsfeldern zeigt, dass Frauen auch bei gleicher Qualifikation in mehrfacher Weise gegenüber ihren männlichen Kollegen benachteiligt sind. Wenn Qualifikation als (einzige) Ursache aber ausscheidet, müssen (noch) andere Mechanismen am Werk sein, die eine Integration der Frauen in gravierendem Maße behindern.

1.2 Thesen der Arbeit

In meiner Arbeit versuche ich, genau diesen Mechanismen zumindest ein Stück weit auf die Spur zu kommen. Dabei vertrete ich folgende Thesen:

(1)   Die Kampagne trägt aufgrund ihrer Rhetorik selbst maßgeblich zur Reproduktion der Strukturen eines Geschlechterverhältnisses bei, das auch Studienfächer und Berufsbilder vergeschlechtlicht.

(2)   Der Grund dafür, dass der Frauenanteil in den "harten" ingenieurwissenschaftlichen Fächern so niedrig ist, liegt nicht einfach in einer generellen Technikdistanz von Frauen, sondern ist auf eine besonders enge Verknüpfung von Männlichkeit und Technikkompetenz zurückzuführen, die sich vorrangig im männlichen und nicht im weiblichen Habitus nieder-

---

[2] Vgl. Braszeit et al., 1989, S. 19f. Die Autorinnen untersuchten geschlechtsspezifische Zugangsbarrieren für Mädchen in gewerblich-technischen Berufen. Dabei kamen sie zu dem Ergebnis, dass im produzierenden Gewerbe die Hälfte der Ausbildungsbetriebe nur männliche Auszubildende einstellt.

schlägt und deshalb Frauen tendenziell von technischen Fächern und Berufen ausschließt.

(3) Maschinenbau- und Elektrotechnik-Ingenieurinnen erfahren aufgrund ihrer Geschlechtszugehörigkeit verschiedenste Benachteiligungen und müssen sich an die herrschenden männlichen Erwerbsmuster anpassen. Das macht den Beruf für viele Mädchen und Frauen unattraktiv.

(4) Eine Kampagne, die die verfestigten Geschlechtergrenzen aufweichen möchte, muss anders konzipiert werden und weit mehr leisten, als lediglich mehr Mädchen zur Aufnahme eines Ingenieurstudiums zu motivieren, wenn sie an der aktuellen Situation etwas grundlegendes ändern will.

In unserer Gesellschaft sind Berufe und Tätigkeiten vergeschlechtlicht, was sich in der Segmentierung des Arbeitsmarktes in Männer- und Frauenberufe, Männer- und Frauentätigkeiten zeigt. Empirische Studien haben herausgearbeitet, dass die geschlechtsspezifischen Etikettierungsprozesse von Arbeit den Formen geschlechtsspezifischer Arbeit folgen: Ein Arbeitsinhalt wird dann als "männlich" konstruiert, wenn die Tätigkeit von Männern verrichtet wird. Dabei werden ehemals männliche Tätigkeiten in dem Moment weiblich attribuiert, sobald Frauen in der Mehrheit auf diesen Arbeitsplätzen eingesetzt werden. Mit anderen Worten: Die geschlechtsspezifischen Etikettierungen von Tätigkeiten folgen nicht den Inhalten der Arbeit, sondern den Mustern der geschlechtsspezifischen Segregation. Diese Segregationsprozesse lassen sich sowohl horizontal als auch vertikal nachweisen (vgl. Cockburn, 1988; Teubner, 1989; Wetterer, 1993; Maruani, 1997). So gesehen ist die Kampagne an ihrem Misserfolg aber entscheidend mitbeteiligt. Frauen haben zwar in technischen Hilfsberufen keine Probleme, ihren Beruf auszuüben. Wenn sie jedoch eine Position im Bereich hochqualifizierter Tätigkeiten anstreben, werden sie unweigerlich mit Mechanismen des Ausschlusses konfrontiert. Und wenn sie dennoch Erfolg haben, können sie eine (begrenzte) Integration meist nur unter der Bedingung erreichen, dass sie sich den männlichen Strukturen anpassen und Strategien entwickeln, um sich von den vielfältigen Formen der Diskriminierung nicht entmutigen zu lassen.

Dabei hat die Tatsache, dass sich nur wenige Frauen zu einem Maschinenbau- und Elektrotechnik-Studium entschließen, weniger mit einer generellen weiblichen Distanz zur Technik zu tun, als vielmehr mit dem männlich geprägten Habitus in diesen Bereichen. Denn die "Technikdistanz" von Frauen ist nicht (nur) ein Problem des Zugangs zu Fachgebieten, sondern (auch) ein Problem der Ein- und Aufstiegschancen zur Erreichung von Berufspositionen mit Gestaltungs- und Entscheidungsmöglichkeiten. Die Marginalität von Frauen in solchen Positionen der betrieblichen Hierarchie gründet meistens nicht in fehlenden Qualifikationen, sondern ist strukturell durch das Geschlechterverhältnis als einem hierarchischen Verhältnis bedingt. In diesem Verhältnis besetzen vorwiegend Männer die macht- und einflussreichen Positionen, während den Frauen die untergeordneten Positionen zugewiesen werden. Werbekampagnen, die mit geschlechtsspezifischen Qualifikationen werben, verfestigen daher gängige Stereotype, selbst wenn diese positiv dargestellt werden. Insofern erfährt die beobachtbare Segregation in Frauen- und Männerbereiche innerhalb eines Berufsfeldes durch diese Kampagnen noch zusätzlich Legitimation, anstatt sie aufzubrechen. Aus diesem Grund ist es nur für eine Minderheit der Frauen attraktiv, in diese Berufe zu gehen. Denn für die überwiegende Mehrheit der Mädchen und jungen Frauen gibt es unter den jetzigen strukturellen Bedingungen in Männerdomänen gute Gründe, sich den damit einhergehenden Zumutungen nicht auszusetzen. Deshalb dürfte die "Defizitperspektive" (d.h. Technikdistanz, falsches Berufswahlverhalten etc.) wohl kaum geeignet sein, tatsächlich zur Klärung der Frage beizutragen, warum sich in unserer Gesellschaft nur eine Minderheit der Frauen zu einem technischen Studium entscheidet.

Wenn die Geschlechterasymmetrie in technischen Fächern und Berufen verändert werden soll, müssen daher andere Maßnahmen ergriffen werden, die sich nicht bloss auf die Motivierung junger Frauen zu einem technischen Studium beschränken. Es erscheint vielmehr unabdingbar, für die ausgebildeten Ingenieurinnen reelle Chancen zu schaffen, in ihrem Berufsfeld eine annehmbare und anstrebenswerte Perspektive entwickeln zu können, jenseits geschlechtsstereotyper Zuweisungen und ohne Druck zur Anpassung an männliche Erwerbsmuster. Dabei hängt die Tatsache, dass Frauen auf dem Arbeitsmarkt, speziell dem Arbeitsmarkt für IngenieurInnen, ausgesprochen ungleiche Teilnahmechancen aufgrund ihrer Geschlechtszugehörigkeit antreffen, wiederum mit mangelnden und verwehrten Einflussmöglichkeiten auf die gesellschaftlichen Entwicklungs- und Gestaltungsprozesse insgesamt zusammen. Diese entfalten sich aber besonders im technischen Feld. Da nun aber Technik und Männlichkeit eine solch hohe Affinität aufweisen, trägt gerade diese Übereinstimmung von männlichem Habitus und technischer Kultur maßgeblich zum Ausschluss von Frauen aus dem Bereich der Technik bei – ein Teufelskreis, aus dem auszubrechen sicherlich nicht ganz leicht ist.

1.3 Gliederung der Arbeit

Zunächst werde ich im anschließenden Kapitel anhand einiger Zitate aus den Werbematerialien veranschaulichen, wie und womit Mädchen und junge Frauen zu einem technischen Studium motiviert werden sollen. Dazu werden die einzelnen Argumentationsfiguren vorgestellt und kommentiert. Dieser Rhetorik-Analyse, wenn man es so nennen mag, wird in dem darauf folgenden Kapitel die konkrete Situation in den Fächern und Berufen Maschinenbau und Elektrotechnik durch die Heranziehung vorhandener Daten und Informationen über die Studien- und Berufssituation von Ingenieurinnen gegenübergestellt. Dabei wird deutlich, dass die Frauen mit vielfältigen Diskriminierungen zu kämpfen haben. Es lässt sich somit ein eklatantes Ungleichheitsverhältnis feststellen, das in Beziehung zu dem Geschlecht der Akteure steht.

Damit komme ich zum vierten Kapitel, dem theoretischen Teil meiner Arbeit. Hierin werde ich auf das Habitus-Konzept von Pierre Bourdieu zurückgreifen, da sich dieses Konzept besonders gut für die Analyse des Themas eignet, wurde es von Bourdieu doch speziell für die Analyse der Mechanismen der Reproduktion sozialer Macht entwickelt und eingesetzt – und um eine solche handelt es sich auch beim Geschlechterverhältnis im technischen Feld. Denn Macht wird nach Bourdieus Verständnis unter der Einbeziehung aller Beteiligten hergestellt, also auch derjenigen, die ihr "bloß" ausgesetzt sind. Dies ist für meine Arbeit deshalb wichtig, weil dadurch vermieden wird, Frauen lediglich durch eine Defizitperspektive zu kennzeichnen, sie aber auch nicht bloß als wehrlose Opfer männlicher Dominanz erscheinen zu lassen. Außerdem ermöglicht es Bourdieus Ansatz, im fünften Kapitel meiner Arbeit das Geschlechterverhältnis als soziale Praxis zu erfassen, der bestimmte Vorstellungen sozialer Ordnung zugrunde liegen, die mittels der klassifizierenden Praxis des Geschlechterverhältnisses hergestellt wird und letztlich ein Herrschaftsverhältnis etabliert. Dieses Herrschaftsverhältnis findet seinen Ausdruck u.a. in symbolischen Repräsentationen (der Sprache, den Leitbildern von Frauen und Männern, in Diskursen und Institutionen, aber auch in der Werbung, Geschichten, Witzen, Sprichwörtern, Alltagsfloskeln etc.).

Im letzten Kapitel meiner Arbeit geht es dann um die Anwendung dieser Verbindung von Habitus und Geschlechterverhältnis auf das technische Feld. Schaut man etwa auf die Arbeitsbedingungen in den technischen Assistenzberufen, so wird deutlich, dass technische Kompetenzen von Frauen in der Regel nicht benannt oder anerkannt werden. Wenn aber nachweisbare Kompetenzen von Frauen im Umgang mit Technik unsichtbar bleiben bzw. nicht wahrgenommen werden, erfährt das gesellschaftliche Bild der quasi angeborenen Kompetenz von Männern in technischen Dingen und der daraus folgenden Unvereinbarkeit von Frauen und Technik fortlaufend Bestätigung. Dabei verläuft die Trennlinie zwischen Männer- und Frauenberufen, männlichen und weiblichen Arbeitsbereichen nicht grundsätzlich entlang des Merkmals technisch/nichttechnisch, sondern eher in Richtung auf anordnende/zuarbeitende bzw. ausführende Tätigkeiten. Wenn dennoch einige wenige Frauen es geschafft haben, vor dem Hintergrund einer allgemeinen Geschlechterhierarchie in unserer meritokratischen Gesellschaft in entscheidungsrelevante und einflussreiche Positionen zu gelangen, dann dienen diese wiederum der Legitimation der vorherrschenden Verhältnisse. Hinzu kommt, dass – handelt es sich ja bloß um eine

Minderheit von Frauen in solchen Positionen – gerade diese geringe Zahl zur symbolischen Repräsentation und Reproduktion der gegebenen Machtverhältnisse beiträgt.

Auch im modernen Habitus zeigt sich das Geschlechterverhältnis somit als ein asymmetrisches, streng hierarchisches, das sich bis in einzelne Studienfächer und Berufsfelder auswirkt. Dabei erweist sich gerade der Bereich der Technik als eine ausgesprochene Männerdomäne, die sich gegenüber Veränderungen des Geschlechterverhältnisses besonders resistent verhält. Unter anderem lässt sich das daran zeigen, dass Technik und technische Fertigkeiten im Bourdieuschen Sinne durchweg "Spiele"-Charakter, im Sinne einer agonalen, auf Wettbewerb ausgerichteten Leistungslogik haben; dies betrifft sowohl die symbolische Dimension (z.B. die Beherrschung von Natur, Reputation) als auch soziale Beziehungen (z.B. Männerbünde) und kulturellen Kompetenzen (dies betrifft schon die Organisation der Ausbildungsinstitutionen) Die Situation für Frauen stellt sich somit insbesondere im technischen Bereich aufgrund der engen, traditionellen Verknüpfung von Männlichkeit und Technik als besonders starr und undurchlässig dar, obgleich die Rhetorik der Werbekampagnen einen ganz anderen Eindruck zu erwecken sucht. Bei genauer Betrachtung ist jedoch festzustellen, dass gerade diese Rhetorik unverändert dem Reproduktionsmodus des Geschlechterverhältnisses im technischen Bereich verhaftet bleibt und den Strukturbefund somit konfirmiert anstatt zu reformieren. Sie trägt nämlich zur Verfestigung der gängigen Zuschreibungen und Bewertungen bei und reproduziert dadurch nur jenes Problem, das die Kampagnen zu beheben suchen: den Frauenmangel im technischen Feld.

2. Eine Werbekampagne und ihre impliziten Annahmen

2.1 Die plötzliche Nachfrage nach Frauen für den Ingenieurberuf

Wie schon beschrieben, sank in der ersten Hälfte der 90er Jahre die Zahl der überwiegend männlichen Studierenden der Ingenieurwissenschaften kontinuierlich. Dabei sind die beiden Kernfächer der Ingenieurwissenschaften Elektrotechnik und Maschinenbau – in der Literatur auch als die "harten" Fächer der Ingenieurwissenschaften bezeichnet[3] – von dem Rückgang der Studienanfängerzahlen besonders betroffen. Dies sind auch jene Fächer, in denen der Anteil weiblicher Studierender am niedrigsten ist. So betrug der Frauenanteil im 1. Fachsemester an den deutschen Hochschulen im Wintersemester (WS) 1997/98 im Fach Elektrotechnik 8 % und im Fach Maschinenbau 9 %, während an den Fachhochschulen in Elektrotechnik sogar nur 5 % und im Fach Maschinenbau 7 % der Studierenden Frauen waren (vgl. Tischer, 1999, S. 3).

Das nachlassende Interesse an der Aufnahme eines ingenieurwissenschaftlichen Studiums wird überwiegend auf die negative Arbeitsmarktlage zu Beginn der 90er Jahre zurückgeführt. Es werden jedoch auch bildungspolitische Defizite genannt, da technisches Wissen in den weiterführenden Schulen nur unzureichend vermittelt werde.[4] Zeitgleich sieht sich die "klassische" Ingenieurausbildung im Zuge der Globalisierung des Wirtschafts- und Arbeitsmarktes neuen Anforderungen gegenüber. So beschäftigen sich sowohl die Verbände als auch die Ausbildungsstätten, Hochschulen und Fachhochschulen mit einer Reform

---

[3] Die Ingenieurwissenschaften setzen sich aus verschiedenen Fachgebieten zusammen, siehe Liste: "Studienfächer im Detail" im Anhang. Quelle: Parmentier/Schade/Schreyer, 1998, S. 10.

[4] Dahingehend äußert sich z.B. Prof. Moniko Greif (Mitglied des Berufspolitischen Beirats des VDI, Verein Deutscher Ingenieure) in dem Artikel "Klage über Mangel an guten Ingenieuren" in der Südhannoverschen Zeitung vom 22.4.1998: "Um mehr Studienanfänger für die eigenen Fachrichtungen gewinnen zu können, müsse man bereits in der Schule etwas tun. 'Besonders die Gymnasien schotten sich weitgehend von der technischen Bildung ab'. An Schulen und in Teilen der Gesellschaft halte sich das überkommene Ingenieurbild eines 'Fachidioten.'"

der Ingenieurstudiengänge.[5] Die Kritik kommt nicht zuletzt von Arbeitgeberseite, wo man die Qualität der fachlichen Qualifikation zwar schätzt, jedoch einen Mangel an fachübergreifendem Wissen und das Fehlen von "Schlüsselqualifikationen", häufig auch "soft skills" genannt, beklagt. Inhaltlich umfasst dieser Begriff Eigenschaften und Fähigkeiten wie Kooperationsbereitschaft, Teamfähigkeit, kommunikative Kompetenzen, Kreativität, Flexibilität, Toleranz, Sprachkenntnisse, die stärker Frauen zugerechnet und deshalb als "weibliche Kompetenzen" betrachtet werden.

Das Thema der Eignung und Motivierung von Frauen für den Ingenieurberuf erlebt eine bisher unbekannte Publicity in Form von Zeitungsartikeln, Modellprojekten, Informationsbroschüren, Hörfunksendungen, Kinowerbung u.v.m. Dabei lassen die eher implizit bleibenden Annahmen, die den verschiedenen Varianten dieser Werbung zugrunde liegen, wenn es um die Frage geht, weshalb sich bisher nur wenige Frauen für ein Ingenieurstudium entschieden haben bzw. weshalb es für sie nun attraktiv sein sollte, Ingenieurin zu werden, aufschlussreiche Rückschlüsse auf das Frauenbild der jeweiligen Institutionen zu. Einige dieser Annahmen werden deshalb im Folgenden genauer analysiert.

2.2 Die diskursiven Strukturelemente der Kampagne

Wenn man die verschiedenen Broschüren der Verbände und des Bundesministeriums für Bildung und Forschung (BMBF, 2000) liest, aber auch Publikationen, die nicht primär der Werbung dienen, erkennt man einige diskursive Elemente, die immer wiederkehren. Folgende Themen werden in den Argumentationsfiguren aufgegriffen:

---

[5] Vgl. HIS-Pressemitteilung (HIS Hochschul-Informations-System GmbH) vom 16.11.1998 zur HIS-Konferenz "Innovative Ingenieurausbildung" am 16./17.11.1998 in Bonn.

2.2.1 Thema: Frauen und ihre Schlüsselqualifikationen

Frauen sind aufgrund eines veränderten Anforderungsprofils besonders gefragt, weil sie soziale und sprachliche Kompetenzen mitbringen, die ihnen entweder als Sozialisationseffekt oder als "natürliches" Potential zugerechnet werden. Aus diesem Grund werden Frauen von den Arbeitgebern in Zukunft stärker nachgefragt, wobei zukünftigen Ingenieurinnen gute Berufsaussichten und Aufstiegschancen in Aussicht gestellt werden. So ist in der Broschüre "Beruf: Ingenieurin" des BMBF von einem großen Interesse der Unternehmen an Ingenieurinnen die Rede. Weiter heißt es verheißungsvoll: "Nach den Sternen greifen?" Was man darunter zu verstehen hat, erläutert der folgende Text:

"Schön, dass sich Frauen heutzutage mehr für ihre Zukunft erträumen, als Babys zu bekommen und die häusliche Ordnung zu erhalten. Sie betreuen eine Großbaustelle in Dubai, peilen die Vorstandsetage bei DaimlerChrysler an, gründen mit drei Kolleginnen ein eigenes Ingenieurbüro und versorgen eine Familie." (Hg.: BMBF: Beruf: Ingenieurin, Be.ing In Zukunft mit Frauen, S. 4)

Weiterhin wird darauf hingewiesen, dass Zufriedenheit im Job und privates Glück schließlich zusammenhängen, es also keinen Sinn macht, sich selbst einzuschränken. "Ein spannender Job, eine Zeit lang ins Ausland, eine alte Wassermühle restaurieren und drei Kinderzimmer einrichten – kein Wunsch ist unmöglich." (BMBF, 2000, S. 4) Man/frau wird auch darüber informiert, dass Wünschen allein keinen Erfolg bringt:

"Wer sein Ziel kennt, muss auch die Schritte dahin planen. Und gelegentlich in Kauf nehmen, anzuecken und aus dem Rahmen zu fallen. Bei DaimlerChrysler und immer mehr anderen großen Konzernen wartet man auf weibliche Bewerber. Begleitet sie in Mentorenprogrammen, bastelt an flexiblen Arbeitszeitmodellen für Erziehungszeiten – nicht aus purer Uneigennützigkeit, sondern weil Frauen mitbringen, was in anspruchsvollen technischen Berufen und auf internationalen Märkten heute überlebenswichtig ist: Schlüsselqualifikationen wie Teamfähigkeit und Kommunikationsstärke." (Hg.: BMBF: Beruf: Ingenieurin, Be.ing In Zukunft mit Frauen, S.4)

Die Broschüre des Gesamtverbandes Metall "Ingenieurin werden! Tipps für Mädchen vor der Studienwahl", äußert sich dazu wie folgt:

"Frauen, die starke soziale Komponente. – Der 'zukunftsweisende' Führungsstil von Frauen wird zunehmend im modernen Management entdeckt. Er stärkt das Zusammengehörigkeitsgefühl der Mitarbeiter und fördert die Motivation. Einfühlungsvermögen, Kommunikationsfähigkeit und die Verbindung zu anderen zusammen mit intellektueller und wirtschaftlicher Freiheit, die Macht zu führen, Geld zu verdienen und die Welt zu verändern. Die 'sanfte Macht' (vgl. S. Cohen 'Tender Power') definiert die Rolle der neuen Frau, die mit Intelligenz, Führungs- und Sozialkompetenz und Fingerspitzengefühl ihre Macht gewinnt. Ein natürlicher Bonus, den Du unbe-

dingt nutzen solltest!" (Hg.: Gesamtverband Metall: Ingenieurin werden! Tipps für Mädchen vor der Studienwahl, S. 7)

Diese Beispiele dürften zur Illustration dieser zentralen, immer wiederkehrende Argumentationsfigur "Frauen und (ihre) Schlüsselqualifikationen" genügen. Sie taucht in nahezu jedem Text zu diesem Thema auf.

2.2.2 Thema: Das überholte Image des Ingenieurs

Eine weitere Argumentationsfigur basiert auf der Annahme, dass Mädchen und junge Frauen sich ein falsches Bild vom Ingenieurberuf machen. Deshalb wird immer wieder die "Ganzheitlichkeit" der beruflichen Anforderungen betont. Das Bild des "einsamen, ölverschmierten Tüftlers", so der Tenor, sei längst überholt.

"Der Ingenieurarbeit wachsen demnach umfassend andere Aufgaben zu, die nur wenig mit dem alten Image des Bauhelm und Sicherheitsschuhe tragenden Ingenieurs gemein haben. Die Qualitätsanforderungen zielen ab auf fächerübergreifendes Denken, unter Einbeziehung gesellschaftlicher Prozesse, die der Technik nicht immanent sind sowie auf innerbetriebliche Sozialkompetenz, Kooperations- und Kommunikationsfähigkeit." (Hg.: Bundesanstalt für Arbeit: Frauen in den Ingenieurwissenschaften. IBZ – Ihre berufliche Zukunft 25, Ausgabe 1998/99, S. 25)

"Der Ingenieurberuf ist also nicht nur was für Tüftler und Bastler, die am liebsten nur in ihrem Labor arbeiten, sondern ein umfassend anspruchsvoller Beruf mit ganz besonderen Herausforderungen. Heute gleicht die Ingenieurin bzw. der Ingenieur mehr einem 'technischen' Arzt, der ein äußerst komplexes System Technik-Mensch-Umwelt repariert, am Leben erhält, modernisiert, erneuert." (VDI nachrichten, 'fazit': Ingenieur – Berufsbild im Wandel Sonderheft-Beilage vom 12.12.1997, S. 3)

"Wenn Du das Wort Ingenieur hörst, denkst du nicht im ersten Moment nur an Maschinenbau? An ölige Finger? An einen Blaumann? Das tun viele und oft scheitert daran schon früh die Begeisterung für einen Ingenieurberuf." (Hg.: Gesamtverband Metall: Ingenieurin werden! Tipps für Mädchen vor der Studienwahl, S. 13)

"Der Ingenieur ist immer noch der Mann mit dem Zeichenbrett vorm Kopf, im wörtlichen und im übertragenen Sinne. Oder auch: kalte Technokraten, auch das könnte man als Bild nehmen. Oder in vielen Bereichen auch noch als der Bastler, der Mann, der die Hände bis zum Ellbogen im Öl hat. Das sind eigentlich gängige Ingenieurklischees in der Bevölkerung." (O-Ton Moniko Greif, WDR 5, Sendemanuskript Hörfunk, 29.07.1999, Frauen und Technik, S. 2f.)

2.2.3 Thema: Frauen und Mathematik

Ein Thema, welches meist nur sehr knapp aufgegriffen wird, sind die Mathematikkenntnisse und deren Relevanz für die Wahl eines Ingenieurstudiums. Auch hierzu zwei Zitate:

"*Wie wichtig ist Mathe?* – Schlecht in Mathe? Das ist vielleicht weniger wichtig als man denkt. Sicher, ein gewisses Verständnis für Mathe braucht man für Fächer wie Informatik, Statistik und natürlich Mathe selbst. Aber: alle Grundlagen werden an der Uni wiederholt. Und Sie werden feststellen, dass man an der Uni ganz anders lernt als in der Schule. Viel wichtiger als gute Noten in Mathe und Physik sind Interesse an diesen Fächern. Also nicht abschrecken lassen!" (Hg.: BMBF: Beruf: Ingenieurin, Be.ing In Zukunft mit Frauen, S. 12)

"*Mutmache oder die Eignung zum Ingenieurstudium.* – Das jahrhundertealte Vorurteil, eine Frau sei unweiblich, sobald sie in der Technik mitmische, ist hoffentlich endlich passé! Mathematik und Technik sind keine Domänen nur für Männer. Die Neigung und ein gewisses Interesse für Mathematik und Physik sollte – na klar – vorhanden sein. Je nachdem, in welchem Bereich die Ingenieurin schließlich tätig sein will, benötigt sie darüber hinaus entsprechende weitere Fähigkeiten." (Hg.: Gesamtverband Metall, Ingenieurin werden! Tipps für Mädchen vor der Studienwahl, S. 12)

2.2.4 Thema: Vereinbarkeit von Karriere und Familienwunsch

Die Vereinbarkeit von Karriere und Familienwunsch werden ebenfalls angesprochen, denn es ist bekannt, dass diese Frage unter den gegenwärtigen Bedingungen geschlechtsspezifischer Arbeitsteilung von Mädchen und jungen Frauen bei der Berufswahl bereits antizipiert wird. Man streicht daher das Bemühen der großen Konzerne heraus, an flexiblen Arbeitszeitmodellen zu arbeiten, und es wird der Eindruck erweckt, das Problem gehöre mehr oder weniger der Vergangenheit an bzw. werde schon zu gegebener Zeit eine Lösung finden. Die geschlechtsspezifische Arbeitsteilung wird nicht angesprochen und die Zuständigkeit der Frau für Haushalts- und Familienaufgaben wird unangefochten vorausgesetzt.

2.3 *Die impliziten Annahmen dieser Kampagne*

Die Betonung der "sozialen Kompetenzen" von Frauen sind im Zusammenhang mit dieser Werbung besonders irritierend. Auf den ersten Blick erscheint das öffentliche Ausloben " weiblicher Kompetenzen" wie eine lang versagte Anerkennung. Tatsächlich ist die Sache aber viel komplexer. Denn die Rede von den weiblichen Kompetenzen ist ein zweischneidiges Schwert. Der Rhetorik zufolge sind es plötzlich ausgerechnet die "weiblichen" Eigenschaften, die für Frauen zum Kapital werden, und das auch noch in einem Bereich, der durchgängig männlich dominiert ist. Das aber würde eine völlig neue Ära der Bewertung der von Frauen ausgeführten Tätigkeiten einläuten, war bislang doch davon auszugehen, dass Berufe mit einem hohen Frauenanteil durch eine äußerst geringe gesellschaftliche Wertschätzung gekennzeichnet sind, was sich nicht zuletzt in niedrigen Einkommen, niedrigem sozialen Status und belastenden Umfeldbedingungen ausdrückt. Dabei zieht das Eindringen von Frauen in einen Beruf, in dem bisher vorrangig Männer beschäftigt waren, zumeist einen Statusverlust dieses Berufsfeldes nach sich. Dies ist durch Studien zum Geschlechtswandel von Berufen gut belegt. Ist das aber tatsächlich gewollt oder auch nur mitbedacht? Davon abgesehen, wurden und werden in "Frauenberufen", in denen soziale Kompetenzen absolut unabdingbar sind, wie in der Krankenpflege oder im ErzieherInnenberuf, diese "weiblichen Fähigkeiten" gratis genutzt, nach dem Motto: "Warum etwas entlohnen, was naturgegeben ist" – sprich: nichts mit Bemühen, Anstrengung, Strategie, kurz persönlicher Leistung zu tun hat. Problematisch ist schließlich, dass diese Rhetorik einem Essentialismus das Wort redet. Es wird angenommen, dass es zum Wesen der Frauen gehöre, bestimmte Eigenschaften und Fähigkeitspotentiale zu haben, was impliziert, dass es zum Wesen der Männer gehöre, dass sie diese nicht besitzen (können). Ob man annimmt, dass es sich dabei um "natürliche" oder sozialisationsbedingte Unterschiede handelt, wird nicht explizit dargelegt.

Zunächst sollte bedacht werden, dass diese Konzeption von weiblichen Kompetenzen, also die Zuschreibung bestimmter Eigenschaften und Fähigkeitspotentiale exklusiv auf Frauen, ihren Ursprung in der historischen Subordination von Frauen hat, die sich seit alters her bis in die berufliche Sphäre erstreckt. So konnten derartige Prozesse einer internen Segmentierung, die mit dem Einzug von Frauen in (männliche) Berufe verbunden sind, sowohl in den Ausbildungsberufen als auch in hoch qualifizierten Berufen nachgewiesen werden. Dabei dient die interne geschlechtsspezifische Segregation von Frauen und Männern in verschiedene Bereiche u.a. der Legitimation von Einkommensunterschieden und anderen Formen der Benachteiligung, da die unmittelbare Vergleichbarkeit dadurch vermieden wird (vgl. Wetterer, 1992, 1993). Diese Argumentationsfigur basiert im wesentlichen auf einem gängigen Stereotyp von Weiblichkeit. Obgleich man die traditionelle Sicht zu überwinden sucht, handelt es sich ja immerhin um Werbung für einen männlich dominierten Beruf, wird durch die Wahl der stilistischen Mittel die geschlechtsspezifische Sichtweise reproduziert. Man stellt nicht Geschlechterkonstruktionen in Frage, sondern fügt lediglich eine Umkehrung des gängigen Klischees hinzu: Wurde die Technik bisher mit Männlichkeit assoziiert, heißt es nun: "Die Technik ist weiblich". (BMBF, 2000, S. 7) Schließlich sei angemerkt, dass, wenn der Markt nun "weiblich" attribuierte Fähigkeiten nachfragt, dies nicht zwingend bedeutet, dass auch mehr Frauen eingestellt und sogar attraktive Managementpositionen an sie vergeben werden. Vielmehr sollte davon ausgegangen werden, dass die Unternehmen zuerst ihr männliches Managementpersonal durch entsprechende Trainings und Schulungsmaßnahmen für die neuen Anforderungen qualifizieren.

Die Annahme, dass Mädchen und junge Frauen sich ein falsches Bild von den Tätigkeiten des Ingenieurberufs machen, mag zu einem bestimmten Anteil zutreffen. Ob die Korrektur dieses Images jedoch die Zielgruppe überzeugt und das dazu führt, dass mehr Frauen ein ingenieurwissenschaftliches Studium aufnehmen, ist zu bezweifeln. So beschreibt Cynthia Cockburn eine Kampagne in Großbritannien Mitte der 80er Jahre, bei der es ebenfalls um die Frage ging, wie man Frauen dazu motivieren könne, einen technischen Beruf zu erlernen. Dabei führte man die größten Hindernisse auf mangelndes Interesse und irrige Ansichten über Technik/technische Berufe zurück. Cockburn zitiert ein Beispiel aus der Broschüre des *Engineering Industry Board*, wonach angenommen wurde,

"'dass der geringe Anteil von Frauen in technischen und technologischen Berufen vor allem eine Folge verschiedener Mythen ist, die sich um diese Berufe ranken und sie für Frauen unattraktiv machen. Besonders hartnäckig hält sich die Ansicht, die Arbeit gelernter Techniker und Ingenieure ... sei schmutzig, ölig, körperlich schwer und daher für Frauen ungeeignet.'" (Cockburn, 1988, S. 11)

Deshalb wurde auch betont, "dass viele technische Berufe heute in Büros ausgeübt werden und eher intellektuelle als manuelle Fähigkeiten erfordern" (Cockburn, 1988, S. 11f.). Schließlich kommt Cockburn in ihrer Studie zu der Feststellung, dass die Kampagne in den darauffolgenden Jahren keine sichtbare Erhöhung des Frauenanteils in technischen Berufen bewirkt hat.

Die Behandlung des Themas der Vereinbarkeit von Beruf, Karriere und Familie unterscheidet sich in den Werbebroschüren sehr zu den sonstigen Publikationen zur Situation von Ingenieurinnen.[6] In den Broschüren wird dieses Thema euphemistisch behandelt. Es werden zumeist Vorzeigemaßnahmen der großen Konzerne dargestellt bzw. Zukunftsmodelle in Aussicht gestellt, wie Tele-Arbeitsplätze zu Hause. Nicht zuletzt sind auch Statements wie das folgende irritierend, das einer Broschüre der Bundesanstalt für Arbeit entnommen ist: "Und zu guter letzt: Die bei Frauen bereits erwähnte dominant anzutreffende Werk- und Honorartätigkeit ist zwar mit mehr Unsicherheiten behaftet, ermöglicht aber andererseits eine größere Flexibilität in bezug auf die Lebensgestaltung von Frauen."[7] Hierbei handelt es sich eigentlich um eine Benachteiligung, die positiv umgedeutet wird, wenn es um die unhinterfragte Zuständigkeit für Kindererziehung, also die Beibehaltung der traditionellen geschlechtsspezifischen Arbeitsteilung geht. Ein so gearteter Umgang mit diesem Thema ist nicht nur den Gegebenheiten unserer Gesellschaft geschuldet – wird die Zuständigkeit für Haushalt und Familie doch nach wie vor Frauen zugewiesen –, sondern hat offensichtlich auch gar nicht zum Ziel, junge Frauen zu einer Reflexion der bestehenden Arbeitsteilung einzuladen. Statt dessen werden sie aufgefordert, eine jahrelange Doppelbelastung in Kauf zu nehmen, sofern sie den Wunsch nach Kindern haben sollten, mit vagen Versprechungen und unter Beibehaltung der geschlechtsspezifischen Arbeitsteilung. Denn diese wird, ähnlich den sozialen Kompetenzen, als quasi naturgegeben angenommen.

Es ist somit festzuhalten, dass die vorgestellten Kampagne, die die selbstgestellte Aufgabe verfolgt, den Frauenanteil in den technischen Studienfächern und Berufen zu erhöhen, mit einer Reihe von eher implizit bleibenden Motiven und Annahmen argumentiert, die berechtigte Zweifel am Erfolg dieser Kampagne aufwirft, da sie möglicherweise das Gegenteil von dem bewirken, wozu sie eingesetzt werden, nämlich Frauen abzuschrecken als zu interessieren und zu

---

[6] Dort wird deutlich, dass sich Kinderwunsch und berufliche Anforderungen nur schwer miteinander vereinbaren lassen. Das Thema wird jedoch im dritten Kapitel noch aufgegriffen.
[7] Bundesanstalt für Arbeit (Hg.) Ingenieure. IBZ Nr. 25, Ausgabe 1998/1999.

motivieren. Bevor jedoch dieser Überlegung weiter nachgegangen wird, sollen zuvor noch die Studien- und Arbeitsbedingungen für Frauen im technischen Feld näher erläutert werden.

3. Analyse empirischer Befunde zur Situation von Ingenieurinnen in Deutschland

3.1 Daten zur Studiensituation

1998 studierten 7,3 % aller weiblichen Studierenden ein ingenieurwissenschaftliches Fach. Dabei betrug der Frauenanteil in den Ingenieurwissenschaften insgesamt immerhin 18,1 %, während die Quote vor zehn Jahren erst bei 12 % lag. Allerdings verteilen sich die Studentinnen auf die jeweiligen ingenieurwissenschaftlichen Disziplinen ungleich. So stellen Frauen im Fach Architektur knapp die Hälfte der Studenten (Angaben lt. Tischer; Studierende im 1. Semester für das WS 1997/98: Uni 48 %, FH 47 %), und auch im Fertigungsingenieurwesen (Uni 28 %, FH 43 %) und im Bauingenieurwesen (Uni 25 %, FH 20 %) sind die Frauenanteile relativ hoch. Dagegen ist der Frauenanteil in den Fächern Maschinenbau (Uni 9 %, FH 7 %) und Elektrotechnik (Uni 8 %, FH 5 %) am niedrigsten. Dies ist auch der Grund, warum ich mich im folgenden hauptsächlich mit der Situation der Ingenieurinnen in den Fächern Maschinenbau und Elektrotechnik beschäftige. Denn die von der Werbekampagne in Aussicht gestellte Nachfrage der Unternehmen richtet sich besonders auf diese Fachrichtungen.

Während die Zahl der männlichen Studienanfänger im Fach Maschinenbau seit 1991 deutlich sank (Uni 1991: 10.066, 1993: 6.368, 1995: 4.437), nahm der Anteil der weiblichen Studienanfängerinnen in den ABL zu, dagegen in den NBL ab (siehe Tabelle 1).

Tabelle 1: Anteile der Studienanfängerinnen im Fach Maschinenbau in den ABL/NBL

	1991 ABL	1993 ABL/NBL	1995 ABL/NBL
Universität	6 %	7 %/12 %	9 %/10 %
Fachhochschule	4 %	5 %/7 %	6 %/6 %

Quelle: Parmentier/Schade/Schreyer, 1998, S. 22f.

Schaut man speziell auf die Verhältnisse in der ehemaligen DDR, so lagen die Frauenanteile in den technisch-naturwissenschaftlichen Studiengängen vor der Wende deutlich über den Frauenanteilen in der BRD. Doch nach der Wende verloren viele Ingenieurinnen ihren früheren Arbeitsplatz (vgl. Minks/Bathke, 1993). Im Zuge dessen wurden viele Ingenieurinnen zum ersten Mal mit (männlichen) Verhaltensweisen in ihrem Berufsfeld konfrontiert, die ihnen vor der Wende – im Unterschied zu ihren bundesdeutschen Kolleginnen – eher fremd waren. Denn während Ingenieurinnen in der ehemaligen DDR wie selbstverständlich in die Betriebe integriert wurden, müssen bundesdeutsche Ingenieurinnen erst einmal unter Beweis stellen, dass sie in dieser Männerdomäne überhaupt bestehen können (vgl. Molvaer/Stein, 1994, S. 47). Dabei kann davon ausgegangen werden, dass sich derartige negative Erfahrungen, sofern diese öffentlich werden, auch auf die Studienmotivation junger Frauen auswirken dürften.

3.2 Erfahrungen im Studium

Was die Erfahrungen von Studentinnen in technischen Fachbereichen betrifft, so werden diese in einer Studie, die von vier Studentinnen der Technischen Universität Berlin durchgeführt wurde, im Titel bereits mehr als angedeutet: "Ich will nicht gefördert werden, ich will nur nicht behindert werden."[8] Diese Aussage bringt sehr gut auf den Punkt, womit Frauen es zu tun bekommen, wenn sie das Studium der "harten" Ingenieurfächer aufnehmen. Doch zunächst zur allgemeinen Studiensituation von Frauen in diesen Fächern.

3.2.1 Gründe für die Nichtwahl des Technikstudiums

Was die erforderlichen Studienvoraussetzungen betrifft, so haben Janshen/ Rudolph (1987) in ihrer Ingenieurinnen-Studie ausführlich den familiären und schulischen Hintergrund der von ihnen befragten 85 Ingenieurinnen unter-

---

[8] Vgl. Schaare et al. 1994.

sucht.[9] Dabei kommen sie zu dem Ergebnis, dass die von ihnen befragten Ingenieurinnen zumeist überdurchschnittlich gute Schulleistungen in mathematisch-naturwissenschaftlichen Fächern aufwiesen, was auch unverzichtbar erscheint im Hinblick auf die Anschlussfähigkeit im Studium. Gelehrt werden im Grundstudium "fast ausschließlich beziehungslos nebeneinanderstehende schwerpunktmäßig mathematisch-naturwissenschaftliche Fächer nach rigide festgelegten Studienplänen, deren Zusammenhänge für die Studierenden nicht mehr erkennbar sind" (Molvaer/Stein, 1994, S. 22). Ferner beschreiben Molvaer/Stein das Grundstudium als ein "Paukstudium" mit einer Zeitbelastung von mehr als 60 Stunden pro Woche, was allein deshalb schon eine extrem hohe Abbrecherquote gleich am Anfang des Studiums zur Folge hat. Dem so gearteten Grundstudium kommt mithin die Funktion eines Selektionsverfahrens zu: "Häufig sind Hochschulprofessoren davon überzeugt, dass sich eine Elite durch Leistungsdruck gerade unter schlechten Bedingungen, d.h. meist ohne didaktische Konzepte und Anstrengungen ihrerseits, herausbildet, nach dem Motto *was uns nicht umbringt macht uns nur härter.*" (Molvaer/Stein, 1994, S. 22) Allerdings werden dadurch auch inhaltlich motivierte StudentInnen entmutigt.

In einer Studie des HIS[10] wurden die Gründe für die Nichtwahl eines Ingenieurstudiums von Studienberechtigten der Jahrgänge 1993/94 erhoben. Die Erhebung kam zu dem Ergebnis, dass 45 % der am Ingenieurstudium Interessierten und die Hälfte der diesem Studium indifferent gegenüberstehenden Studienberechtigten den Ingenieurberuf zwar attraktiv finden, jedoch befürchten, dass sie möglicherweise das Studium nicht durchhalten werden (44 % bzw. 48 % bei den ingenieurinteressierten Männern bzw. Frauen gegenüber 53 % bzw. 46 % bei den nicht interessierten Männern bzw. Frauen). Denn die interessanten Themen mit direktem Technikbezug stehen erst im Hauptstudium an.

Außerdem herrsche ein Klima vor, in dem vor allem "Loyalität, Disziplin und Elitebewusstsein" (Molvaer/Stein, 1994, S. 23) eingeübt werden müssten. Ohne

---

[9] Vgl. Janshen/Rudolph et al., 1987, S. 93ff.
[10] Vgl. Minks/Heine/Levin (1998), Hg.: HIS (Hochschul-Informations-System), S. 135.

ausgeprägten Karrierewillen oder einen unerschütterlichen Glauben an die Sache selbst ist eine solche Anpassungsleistung aber kaum zu erbringen. Molvaer/Stein weisen auch darauf hin, dass die "Einzelkämpferausbildung" zwar durchaus die Fähigkeit erzeuge, hohe Belastungen anzunehmen, die "soft skills" blieben dabei jedoch auf der Strecke. Doch selbst wenn im Studium immer häufiger die Gruppenarbeit propagiert wird, muss am Ende die Einzelleistung erkennbar bleiben, wie Professor Osten-Sacken vom Fachbereich Maschinenbau an der TH Aachen in einem Interview unmissverständlich zum Ausdruck brachte:

"Die Hochschule hat ja das ganz klare Prinzip: Jeder muss für sich alleine Farbe bekennen in der Prüfung. Noch haben wir nicht eine Prüfung, wo eine Arbeitsteilung stattfindet: die eine Hälfte der Prüfung kann der eine lösen, die andere der andere und zusammen haben sie dann bestanden. Bisher haben wir das noch verteidigt, dass hier wirklich der Einzelne ganz alleine Farbe bekennen muss in der Prüfung. Und das ist das Gegenteil von Teamwork. Und das halte ich auch für richtig so." (WDR 5-Sendemanuskript Hörfunk, 29.07.1999, Frauen und Technik, S.4)

3.2.2 Einzelkämpfertum und Konkurrenzverhalten

Projektstudien haben Seltenheitswert. Die erforderlichen Kenntnisse werden in der Regel abstrakt und mit mangelndem Praxisbezug vermittelt. Sichtbare Folgen dieser einseitigen Ausbildung sehen Molvaer/Stein z.B. in gescheiterten bzw. verzögerten Entwicklungsprojekten infolge mangelnder Kommunikation zwischen IngenieurInnen der verschiedenen Abteilungen – "die weit verbreitete Sprachlosigkeit zwischen Konstruktion und Produktion" – und in der "großen Kluft zwischen den gelieferten Anlagen und den Vorstellungen der Kunden" (Molvaer/Stein, 1994, S. 23). Daher erstaunt es nicht, dass die Autorinnen zu dem Ergebnis kommen, dass nicht nur die Vereinzelung in einem männerdominierten Studienfach, sondern auch die inhaltliche und strukturelle Gestaltung des Studiums Frauen häufig vom Studium des Maschinenbaus abschreckt.

Dies wird auch in der Studie von Schaare et al. (1994) deutlich. So nannten die von ihnen befragten Studentinnen vor allem die Struktur und Organisation des Grundstudiums als Hauptproblem. Dies ist aber kein Zufall, denn die inhaltliche und strukturelle Gestaltung stehen in einem direkten Zusammenhang mit der "Kultur" des technischen Feldes, das vor allem mit einer hegemonialen Vorstellung von Männlichkeit verknüpft ist; Technik entpuppt sich als Spielfeld eines Männlichkeitskults, dessen Wertekodex u.a. Einzelkämpfertum und Konkurrenzverhalten beinhaltet.

Aus Äußerungen der befragten Studentinnen in der Studie von Schaare et al. geht hervor, dass sie sich als vereinzelt erleben und mehr Kontakte zu anderen Frauen im eigenen Fachbereich wünschen. Aber gerade im Grundstudium, wo Studentinnen mehrerer Fachbereiche die Veranstaltungen besuchen, ist das Kennenlernen schwierig. Auch das Fehlen von weiblichen Vorbildern wird als negativ bewertet. Die Studentinnen wünschen sich Professorinnen und Assistentinnen als persönliche Leitbilder. Darüber hinaus haben die Studentinnen mit einer Reihe von geschlechtsdiskriminierenden Verhaltensweisen von Seiten des männlichen Lehrpersonals und ihren Kommilitonen zu kämpfen. Die von Schaare et al. befragten Studentinnen berichten über Hemmungen, in den Vorlesungen und den gemischtgeschlechtlichen Tutorien, Fragen zu stellen, da die berechtigte Angst besteht, ausgelacht zu werden. Dabei erleben die Studentinnen das Arbeits- und Sozialverhalten ihrer männlichen Kommilitonen insgesamt als stark von einem Konkurrenzverhalten geprägt, das ihnen beträchtliche Probleme bereitet.

Vor diesem Hintergrund scheint bei den Frauen eine Tendenz zu bestehen, sich in fachlichen Fragen oft nur dann zu äußern, wenn sie sich ihrer Sache ganz sicher sind – ein Verhalten, das nahe liegend ist, wenn man bedenkt, dass die Anwesenheit von Frauen im Studium von Seiten der Männer ständig angezweifelt wird. Denn Frauen müssen immer damit rechnen, dass falsche Äußerungen ihrerseits anders als bei männlichen Kommilitonen negativ sanktioniert werden, weil sie immer mit Blick auf ihre Geschlechtszugehörigkeit und nach den damit verbundenen stereotypen Vorstellungen beurteilt werden. Im Gegensatz dazu scheint es bei ihren männlichen Kommilitonen eine Tendenz zu geben, sich auch dann in Konkurrenz zu begeben, wenn sie nur über eingeschränkte Kenntnisse verfügen. In späteren Studienabschnitten bemerken Frauen dann, dass die Männer zwar auch nicht durchgängig besser mit technischen Inhalten, aber ganz anders mit fachlicher Unsicherheit umgehen können.

"Speziell in der Thermodynamik, da sind die Männer viel selbstsicherer. Auch wenn sie den größten Mist erzählen, den es nur gibt, aber den so gut verkaufen können, dass man das teilweise selber glaubt. Dass, wenn man drüber nachdenkt, es doch nicht so ganz stimmt. Ich habe bei Männern immer das Gefühl, es gibt einen Kampf, der Beste sein zu wollen. Oder immer laut zu reden oder immer aufzufallen, und wenn es nur durch Quatschen ist. Auch öffentlich zu fragen. Ich habe zwar immer im Tutorium gefragt, aber eher den Tutor gefragt, anstatt öffentlich zu sagen, das und das habe ich jetzt nicht verstanden. Auch unter dem Horror halt, fangen die alle an zu lachen, auch wenn sie es selber nicht begriffen haben." (Schaare et al., 1994, S.19, 43.2.)

Einigen Frauen, die sich aktiv am Unterrichtsgeschehen beteiligen und Fragen stellen, wird der Eindruck vermittelt wird, sie fragten Dinge, die "selbstverständlich" seien (Schaare et al., 1994, S. 20). Eine andere Studentin beobachtete, dass männliche Kommilitonen oft ein Frageverhalten praktizieren, das sie in einem besseren Licht erscheinen lässt:

"Das Typische finde ich diese Gestenlosigkeit oder Mimiklosigkeit, dieses starre Gesicht, diese starren Fressen. Dass man am besten da rein geht und bloß nicht zugibt, dass man eine Frage hat, keine Schwäche zugeben, sich so gut verkaufen wie möglich. Was man auch merkt, wenn die Typen fragen, die haben eine ganz andere Frageweise. Die fragen nämlich grundsätzlich: 'Ist es nicht so, das und das stimmt' und die Frauen fragen: 'Wie ist es denn?' Dieses 'Ist es nicht so' heißt für mich, im Prinzip weiß ich es eigentlich, aber ich könnte da mal einen Hinweis gebrauchen. Das ist so typisch, dass die ihr Wissen verkaufen." (Schaare et al., 1994, S. 20, 8.3.)

Besonders im Umgang mit Computern wird ein anderes Arbeitsverhalten beobachtet. Auch wenn die Männer nicht mehr als die Frauen wissen, fangen sie sofort an "rumzuprogrammieren" (Schaare et al., 1994, S. 20), ohne sich vorher mehr Informationen zu beschaffen. Überdies neigen sie oft dazu, Frauen die Sache aus der Hand zu nehmen, die sich dann in einer bloß assistierenden Position wieder finden.[11] Ferner berichten viele Frauen auch hier, dass sie ausgelacht werden, wenn sie im Tutorium Fragen stellen. Offensichtlich unterstellen Männer Frauen technische Inkompetenz und schreiben ihnen damit wiederum die klassische Frauenrolle zu:

"Mitunter im Tutorium, wenn man da eine Frage stellt, kommt schon mal 'ist die doof'. Was ich bei einem Mann, der eine Nachfrage gestellt hat, nicht erlebt habe. Ich denke, dass wird im Frauentutorium angenehmer sein, dass man sich traut, eine Nachfrage zu stellen, ohne gleich Gefahr zu laufen, 'ah, geh doch nach Hause kochen'." (Schaare et al., 1994, S. 21, 2.1.)

---

[11] Dieses Verhaltensmuster läßt sich auch in Computerkursen und im Informatikunterricht in Schulen beobachten, vgl. Metz-Göckel, 1991.

3.2.3 Unauffällig bleiben und geschlechtslos erscheinen

Auch wenn allen befragten Frauen vor Studienbeginn bewusst war, dass sie in einem männerdominierten Bereich studieren würden, haben sie zu der beständigen Aufmerksamkeit, die auf sie gerichtet ist, ein ambivalentes Verhältnis. Alle interviewten Frauen äußerten den Wunsch, dass ihre Anwesenheit als selbstverständlich akzeptiert werden sollte. Im Gegensatz dazu sahen die Studentinnen sich im Studienalltag immer wieder mit Situationen konfrontiert, in denen die Selbstverständlichkeit ihrer Anwesenheit angezweifelt wird. Studentinnen höherer Semester gaben häufig an, die Problematik, sich in einer ständigen Sonderrolle zu befinden, zu Beginn ihres Studiums unterschätzt zu haben und erst im Laufe des Studiums gemerkt zu haben, wie schwierig der Umgang damit sei. Dass sie ständig auffallen, wurde von allen Studentinnen als einengend und einschränkend erlebt. Besonders störend empfanden die Interviewpartnerinnen, dass sie sich zumeist nicht als Studierende, sondern als Frau in einem für Frauen untypischen Bereich wahrgenommen fühlen. Als eine Reaktion auf diese Exponiertheit versuchen viele Frauen, sich unauffällig zu machen. So berichteten schon Janshen/Rudolph, dass viele Ingenieurinnen sich bewusst geschlechtsneutral kleiden, um diskriminierendes Verhalten zu vermeiden. Auch in der Studie von Scharre et al. macht der folgende Interviewausschnitt deutlich, weshalb eine solche Anpassungsleistung notwendig erscheint, um aggressiven Verhaltensweisen männlicher Kommilitonen zu entgehen:

"Mir ist es mal im ersten Semester in der Mathevorlesung passiert. Da waren wir vielleicht zwanzig Mädchen. Von ungefähr vierhundert Studenten im Saal. Da ist eine rausgegangen und hat sich ihr Frühstück geholt. Und kam dann in die Vorlesung rein, das war im Sommer. Sie hatte einen kurzen Rock an, blonde Haare, hatte sich extra schick gemacht, und dann entstand ein Pfeifkonzert. Und das mitten in der Vorlesung. Wo der Professor da vorne doziert hat. Das kam mir ganz schön arg vor. Und wenn da mehr Mädchen wären, würde so was nicht passieren. In dem Sinne jedenfalls. Ich würde nicht wagen, im Rock in die Vorlesung zu gehen." (Schaare et al., 1994, S. 27, 25.6.)

Eine weitere Form der Diskriminierung, von der die Interviewpartnerinnen berichteten, waren allgemeine Aussagen über das Wesen der Frau, die in der Mehrzahl von Professoren stammen und einen Hinweis darauf geben, welches Frauenbild oftmals in deren Köpfen vorherrscht. Beispielsweise werden Frauen gemäß den traditionellen Geschlechterstereotypen mitunter als "Hausfrauen" angesprochen:

"Es war in Werkstoffkunde, es sind natürlich ein paar Frauen in der Vorlesung, und der Bergmann, der sagte dann, wir waren bei Kunststoffen und hatten diese Joghurtbecher behandelt, die so eingeschmolzen werden sollten: 'Ja, wie groß ist so ein Joghurtbecher? Ach, ich weiß jetzt nicht, hat er 600 Gramm, 500 Gramm? Aber die Hausfrauen unter uns, ja Sie, Sie werden das wissen.'" (Schaare et al., 1994, S. 31, 22.3.)

Witze über Frauen und Technik gehören offenbar zu den harmloseren Nebenerscheinungen, spiegeln aber eine Einstellung wider, die den Frauen die Befähigung zum Erwerb technischer Kompetenzen tendenziell abspricht. Das grundlegende Problem besteht für die Studentinnen darin, dass sie "gegen ihren Willen als Frau und nicht als Mensch" wahrgenommen werden. Die Männer legen dabei ein Verhalten an den Tag, das den Frauen das Gefühl vermittelt, generell nicht ernst genommen zu werden. Darin spiegelt sich aber die Negierung der fachlichen Kompetenz ihrer Studienkolleginnen wider. Dies kann unterschiedliche Formen annehmen. So fühlen sich Männer bemüßigt, Frauen immer alles erklären zu müssen; oder sie gehen davon aus, dass Frauen "geholfen" werden muss, etwa wenn man ihnen den Schraubenschlüssel aus der Hand nimmt und sagt "Lass mich mal machen", selbst wenn die Frauen gar nicht um diese Art von "Hilfe" gebeten hatten (vgl. Schaare et al., 1994, S. 35).

3.2.4 Sonderbenotung und Frauentutorien

Auch von Seiten der Professoren bestehen Vorurteile und Unsicherheit im Umgang mit Studentinnen technischer Fachbereiche. Dieser Umstand wird von Studentinnen vor allem im Zusammenhang mit Prüfungssituationen erlebt (Scharre et al., 1994, S. 35ff.). Zum Teil schlägt sich die Unsicherheit der Prüfer auch in der Benotung nieder; zumindest fühlen sich einige Frauen schlechter bewertet, während andere wiederum von einer bevorzugten Benotung berichten. Dies ist problematisch, lässt eine solche Ungleichbehandlung die Studentinnen doch im Unklaren über ihre tatsächliche Leistungsfähigkeit. Ob positiv oder negativ – die Tatsache, eine Frau zu sein, scheint leicht zu einer verzerrten Benotung zu führen, was sich wiederum als Verunsicherung der Studentinnen hinsichtlich ihrer Selbsteinschätzung auswirkt.

Gefragt nach sexueller Belästigung, gaben die Technikstudentinnen an, dass sie sich hauptsächlich durch Blicke belästigt fühlten. Gehen die Belästigungen über Blicke hinaus, etwa wenn Frauen angemacht, angefasst oder unter Druck gesetzt werden durch das männliche Lehrpersonal, dann fühlen sie sich oft hilflos. Keine der befragten Studentinnen, die solche Erfahrungen erlitten haben, informierte die Frauenbeauftragte oder machte den Vorfall öffentlich (vgl. Schaare et al., 1994, S. 107).

Frauentutorien, die im Grundstudium angeboten werden, bieten Frauen einen Raum, sich technisches Wissen jenseits der Zumutungen und Zuschreibungen durch ihre männlichen Kommilitonen anzueignen. Aber auch die Teilnahme an Frauentutorien kann für Studentinnen belastend sein. Zunächst schreckt die Art der Ankündigung durch manche Professoren die Frauen ab:

"Ich habe erlebt, dass da Professoren sehr unterschiedlich sind. Der Physikprof Gumlich, denke ich, ist auch bekannt, dass er Frauen empfiehlt auch da reinzugehen. .... Und dann habe ich schon erlebt, dass ein gewisser Herr Oster in Maschinenzeichnen einem dann erst mal erzählt, ... dann gäbe es ja noch so was wie ein Frauentutorium und er meinte: 'Wenn Sie unbedingt meinen, dass Sie dahin gehen müssen, dann tun Sie das. Aber ich halte das ja nicht für unbedingt nötig.'" (Schaare et al., 1994, S. 52, 48.5.)

"In Mechanik wurde das merkwürdig angekündigt, nämlich als Damenzirkel, so'n bisschen belächelt oder gönnerhaft, von dem Professor Böhm, so von wegen, er ist ja sehr dafür, die Damen zu fördern. Das kam mir sehr arrogant und gönnerhaft vor." (Schaare et al., 1994, S. 52, 15.10.)

Wenn die Teilnahme an Frauentutorien in den Massenveranstaltungen durch Handheben erfasst werden soll, fühlen sich Frauen damit schnell unbehaglich. Denn auf diese Weise exponieren sie sich öffentlich und in mehrfacher Hinsicht:

"Die Besonderheit, die die Frauen an ihrem Fachbereich darstellen, wird durch die Entscheidung, in Frauenzusammenhängen zu arbeiten, noch verstärkt. Sie sondern sich hier noch einmal deutlicher von der Norm der sie umgebenden Männer ab, indem sie durch ihren Entschluss, ihr Fachwissen zumindest zeitweise in Frauentutorien und damit außerhalb von Männerzusammenhängen zu erwerben, auch indirekt Kritik an den Arbeits- und Verhaltensweisen der Männer üben." (Schaare et al., 1994, S. 106)

Als Reaktion auf diese indirekte Kritik werden die Frauentutorien inhaltlich abgewertet, man bezweifelt ihre fachliche Qualität und nimmt sie nicht ernst.[12]

---

[12] Vgl. Schaare et al.: "Das Gefühl, dass Frauentutorien sowieso nicht ernst genommen wurden, hat man teilweise (in den Universitäten) schon ganz gut gespürt."(S. 60, 9.7.)

"Die Befürchtung, dass es qualitativ schlechter sein könnte, weil angeblich weniger gefordert wird. Also ich verbrate Vorurteile, die gern geäußert werden. Dass Frauen in Frauentutorien gehen, weil das andere zu anspruchsvoll ist." (Schaare et al., 1994, S. 60, 5.8.)

Gefragt nach den Vorstellungen, die sie sich über die Teilnehmerinnen von Frauentutorien machen, äußern sogar viele Frauen von sich aus, dass sie glauben, dort fachlich unsichere oder schüchterne Studentinnen anzutreffen. Außerdem stellen sie sich vor, dort Feministinnen anzutreffen. Das bedeutet aber, dass die Frauen zum Teil selbst, wenn auch unbewusst, die Stigmatisierung von Frauen im Technikstudium in ihre eigene Vorstellungswelt übernehmen und dadurch zur Reproduktion dieser Vorurteilsstruktur selbst mit beitragen. Vor diesem Hintergrund wird aber verständlich, wenn die Studentinnen, wiewohl sie die Teilnahme an Frauentutorien grundsätzlich als positiv erleben, einer Ausweitung des Angebots dennoch skeptisch gegenüberstehen.

Insgesamt sollte deutlich geworden sein, dass Frauen technischer Fachbereiche permanent mit fachlicher Entwertung, Bevormundung, Entmutigung und sexueller Belästigung rechnen müssen. Sie müssen, um ihr Studium durchhalten zu können, Strategien entwickeln, wie das Ignorieren diskriminierenden Verhaltens oder das Tragen eines Kleidungsstils, der sie möglichst unauffällig macht. Die fachliche Auseinandersetzung mit Studieninhalten wird behindert durch die Angst vor den Reaktionen der Männer auf ihre Fragen und Beiträge. Ihnen wird unterstellt, dass sie nicht praktisch arbeiten wollen. Man stellt ihre Befähigung in Frage, weist sie auf ihre Sonderposition hin und spielt auf ihre eigentliche "Berufung" an.

Angesichts dieser Bedingungen ist es erstaunlich, dass die Studienabbrecherquote von Frauen nicht viel höher ist. Alles in allem sind die strukturellen Bedingungen im Technikstudium für die Mehrheit junger Frauen somit wenig anziehend, ja mehr, sie wirken teilweise enorm abschreckend. Dies kann auch als Hinweis darauf gesehen werden, weshalb Mädchen und junge Frauen solche Studiengänge eher meiden, was keineswegs auf eine generelle, oftmals unterstellte, "Technikdistanz" von Frauen zurückzuführen ist.

3.3 Daten zur Beschäftigungssituation

3.3.1 Berufseintritt

Beim Übergang vom Studium ins Berufsleben haben Ingenieurinnen deutlich mehr Probleme, eine ihrer Qualifikation angemessene Stelle zu finden, als ihre männlichen Kollegen. Deshalb liegt die Arbeitslosenquote der Ingenieurinnen in den Fächern Maschinenbau und Elektrotechnik auch um ein Vielfaches über denen ihrer männlichen Ex-Kommilitonen. Eine geschlechtsuntypische Berufswahl schützt Frauen somit keinesfalls vor Arbeitslosigkeit.[13] Im Gegenteil, das Risiko, nach der Ausbildung arbeitslos zu sein, ist für Frauen, die über eine Ausbildung in einem Männerberuf verfügen, deutlich höher als in einem Frauenberuf. So lag die Arbeitslosenquote der Ingenieurinnen mit Universitätsabschluss im Fach Elektrotechnik 1995 bei 14,6 %, während sie für Männer nur 5,7 % betrug, und im Fach Maschinenbau bei 10,7 % gegenüber 6,0 % bei den Männern. Zum Vergleich: Bezogen auf alle Hochschulabsolventinnen befindet sich die Quote bei 5,4 % für die Frauen gegenüber 3,8 % bei den Männern (vgl. Tischer, 1994, S. 10). Nach Tischer waren ein Drittel der im September 1998 arbeitslosen Berufsanfänger unter den Ingenieuren Frauen. Dieser Anteil ist aber mehr als doppelt so hoch wie der Frauenanteil unter den Absolventen in den Ingenieurwissenschaften, der insgesamt bei 15 % liegt. Auffällig ist ferner, dass die Arbeitslosigkeit vor allem in den Bereichen mit hohen Beschäftigtenanteilen im verarbeitenden Gewerbe besonders hoch ist.[14]

"Betrachtet man die einzelnen Branchen innerhalb des produzierenden Gewerbes genauer, so schält sich ein weiterer geschlechtsspezifischer Selektions- und Selbstselektionsmechanismus heraus. Männer, die ein Studium des Maschinenbaus bzw. der Elektrotechnik abgeschlossen haben, münden sehr viel häufiger in die einschlägigen großen industriellen Branchen ein: so finden 19 % der FH-Absolventen ihre erste Stelle im Bereich des Maschinen- und Fahrzeugbaus, jedoch nur 6 % ihrer Kolleginnen. Ähnliches ist für die Elektrotechnikbranche zu erkennen (19 % vs. 9 %)." (Minks, 1996, S. 65)

---

[13] Vgl. Parmentier/Schade/Schreyer, 1998; Schreyer, 1999; Teubner, 1989; Tischer, 1999.
[14] Die gleiche Situation trifft auch auf Mädchen mit einer gewerblich-technischen Ausbildung zu, vgl. Teubner, 1998, S. 24.

Günstiger sind die Arbeitsplatzchancen für Ingenieurinnen im Dienstleistungsbereich, der mit zunehmender Tendenz zum wichtigsten Beschäftigungssektor für sozialversicherungspflichtig beschäftigte Ingenieurinnen avanciert.

Insgesamt haben Ingenieurinnen daher mit erheblich mehr Schwierigkeiten an der "zweiten Schwelle", dem Übergang von der Ausbildung in den Beruf, zu kämpfen, wofür es freilich mehrere Gründe gibt. Denn einerseits bringen die Absolventinnen seltener als ihre männlichen Kollegen Berufserfahrung durch eine gewerblich-technische Ausbildung vor dem Studienbeginn mit. Andererseits bestehen auch weiterhin unterschiedliche betriebliche Rekrutierungsmuster je nach Geschlecht, insbesondere in den Berufen, die nach wie vor von Männern dominiert werden.

Molvaer/Stein beschreiben recht anschaulich, welche Bedingungen zusammentreffen müssen, damit sich eine (in der Regel männliche) Führungskraft oder der Personalchef eines Betriebs bei der Vergabe einer Stelle für eine Frau und nicht für den anerkannten "Standard" entscheidet:

"Hat eine Bewerberin neben fachlicher und sozialer Kompetenz aber auch noch Glück und es ist gerade kein annähernd vergleichbar qualifizierter Mann greifbar bzw. bezahlbar und der zukünftige Vorgesetzte hat positive Erfahrungen mit anderen Frauen gemacht oder emanzipatorische Anstöße aus seinem persönlichen Umfeld (z.B. von der Tochter) sowie den Mut, seine Vorstellungen gegenüber den anderen Führungskräften auch zu vertreten, dann hat sie ihre erste Stelle." (Molvaer/Stein, 1994, S. 42)

Kommt man auf die Betriebsgröße zu sprechen, werden ein Drittel der Ingenieurarbeitsplätze von den Großunternehmen bereitgestellt, während der größte Teil der Arbeitsplätze vom Mittelstand vergeben wird. Gerade im Mittelstand herrscht aber eine besonders konservative Einstellung gegenüber der Beschäftigung von Frauen vor;[15] dementsprechend werden Männer bevorzugt – u.a. deshalb, weil man sich bei ihnen vor familienbedingten Ausfallzeiten relativ sicher wähnt. Durch konjunkturelle oder strukturelle Einbrüche werden diese diskriminierenden Verhaltensweisen noch verstärkt; dies bestätigt auch Minks vom HIS:

---

[15] Vgl. Bundesanstalt für Arbeit (Hg.): Special: Frauen im Ingenieurwesen. Uni Magazin. Heft 6/98, S. 36.

"Die allgemeine Arbeitsmarktlage ist für die Beschäftigungschancen von Frauen immer schon von besonderer Bedeutung gewesen. In Zeiten des Mangels an Ingenieuren und Naturwissenschaftlern kamen in der Vergangenheit wiederholt kurzlebige Diskussionen auf, in denen danach gefragt wurde, ob es möglicherweise ein erweitertes technikinteressiertes und -begabtes Potential unter Mädchen und Frauen gebe. Bei einem Überangebot an technisch qualifizierten Arbeitskräften musste man dagegen, entsprechend häufig gemachter Erfahrungen, davon ausgehen, dass zunächst Frauen vom Beschäftigungssystem zuallererst abgewiesen werden, wie dies zuletzt vielen Ingenieurinnen der ehemaligen DDR widerfahren ist." (Minks, 1996, S. 14)

3.3.2 Einkommensverteilung

Wendet man sich dem Einkommen der Ingenieurinnen zu, so liegen diese z.T. deutlich unter denen ihrer männlichen Kollegen. Leider differenziert der VDI in seiner Einkommensstudie nicht nach Geschlechtszugehörigkeit. Anhaltspunkte bietet aber die Studie von Minks (1996).

Minks erhob im Jahre 1993 die Brutto-Monatseinkommen von Absolventinnen und Absolventen technisch-naturwissenschaftlicher Studiengänge in ihrer ersten Berufstätigkeit. So liegt die kritische Einkommensgrenze für die ingenieurwissenschaftlichen Fachhochschulabschlüsse bei 4.000 bzw. 4.500 DM Brutto. Minks kommt ferner zu dem Ergebnis, dass oberhalb der Grenze von 4.500 DM der Männeranteil deutlich höher ist als der Frauenanteil; bezogen auf die Bereiche Maschinenbau und Elektrotechnik beträgt dieser 48 % bei den Männern, aber nur 27 % bei den Frauen. Nicht ganz so gravierend sind die Unterschiede bei den Absolventinnen und Absolventen der Universitätsabschlüsse in diesen Fächern in den ABL; hier verdienen 55 % der Männer und 48 % der Frauen über 4.500 DM. Dabei ist für die NBL auffällig, dass dort 41 % der Frauen, aber nur 28 % der Männer ein Bruttogehalt unter 3.000 DM bekommen. Als Ursachen für die unterschiedlichen Einkommen gibt Minks (1996, S. 69) folgende Erklärungen:

- Frauen setzen andere Prioritäten bei der Stellensuche. Sie legen eher Wert auf ein gutes Arbeitsklima und gute Rahmenbedingungen. Ein hohes Einkommen ist ihnen weniger wichtig als Männern.

- Aus diesem Grund kennen Frauen auch seltener als ihre männlichen Kollegen ihren reellen "Marktwert".

- Frauen sind seltener als Männer regional mobil, deshalb nehmen sie weniger häufig attraktive Stellenangebote in anderen Städten mit gutem Verdienst wahr.
- Frauen finden sich eher in mittleren Positionen, wohingegen Männer häufig Positionen mit Leitungsfunktionen einnehmen. Dazu Minks: "Diese beruflichen Positionszuweisungen liegen, wie die Analyse der Lebensziele zeigt, nicht allein an diskriminierenden Aufstiegsmechanismen, sondern oft auch in weniger auf Leistungsansprüche gerichteten beruflichen Optionen von Frauen begründet." (Minks, 1996, S. 69)

Vergegenwärtigt man sich, dass Ingenieurinnen beträchtliche Schwierigkeiten haben, die zweite Schwelle des Berufseinstiegs zu überwinden, dürfte auch verständlich werden, weshalb sie in ihren Gehaltsforderungen eher zurückhaltend auftreten. Das oben angeführte Zitat von Molvaer/Stein (1994) und ihre Erklärung, dass Ingenieurinnen schon "besondere Anreize" mitbringen müssten, um eine Chance zu haben, relativiert zumindest die ersten zwei Erklärungen. Insbesondere der niedrige Verdienst der ostdeutschen Frauen weist darauf hin, dass sie unter dem Druck der Arbeitsmarktlage zu Zugeständnissen bereit sind, sofern sie nur einen Arbeitsplatz bekommen. Zudem geben beim Thema "Lebensziele von Absolventinnen und Absolventen technisch-naturwissenschaftlicher Studienfächer" 48 % der Maschinenbau- und Elektrotechnikingenieurinnen mit Universitätsdiplom in den ABL und 60 % in den NBL an, dass sie "sehr gut verdienen" möchten; bei den Männern sind es 44 % bzw. 68 %, für die dieses Lebensziel von hoher Wichtigkeit ist. Demgegenüber ist ein hohes Einkommen bei den Fachhochschul-IngenieurInnen dieser Fächer für 59 % der Männer und nur 48 % der Frauen ein wichtiges Ziel. Davon abgesehen werden hohe Gehaltsforderungen bei Frauen eher negativ sanktioniert als bei Männern, nach dem Motto: "Wenn zwei dasselbe tun, ist es noch lange nicht das Gleiche". Dagegen werden Männern, denen man oft noch den Status des "familiären Alleinverdieners" zurechnet, überzogene Gehaltsforderungen weniger leicht übelgenommen als Frauen, von denen man eher "weibliche Bescheidenheit" erwartet, zumal dann, wenn man ihnen aus Großzügigkeit überhaupt eine Chance gibt.

Zum Thema "(nicht-vorhandener) Bereitschaft zu überregionaler Mobilität" konnte ich keine Daten finden, die Minks' These belegen. Allerdings geben weniger Absolventinnen als Absolventen an, eine leitende Position übernehmen zu wollen. So waren 66 % der Männer und 56 % der Frauen mit Universitätsdiplom in den ABL sowie 57 % der Männer und 42 % der Frauen in den NBL dieses Ziel wichtig. Daran zeigt sich aber auch, dass immerhin rund die Hälfte der Ingenieurabsolventinnen in leitende Positionen möchte, was in keiner Weise mit dem tatsächlichen Frauenanteil in leitenden Positionen korreliert. Angesichts dieser Zahlen kann man sich bisweilen nicht des Eindrucks erwehren, als ob von verschiedenen Seiten der immer gleiche Versuch unternommen wird, geschlechtsspezifische soziale Ungleichheiten argumentativ auf die Frauen zurückzuwerfen.

3.4 Zur subjektiv wahrgenommenen Beschäftigungssituation

3.4.1 Berufliche Segregation

Ingenieurinnen finden sich in bestimmten betrieblichen Bereichen eher als in anderen. Dass Frauen in anderen Tätigkeitsbereichen als Männer eingesetzt werden, ist für viele Berufe – hochqualifizierte eingeschlossen – gut belegt (vgl. Wetterer, 1993, 1995). So werden Berufe mit dem Eindringen von Frauen geschlechtsspezifisch segmentiert. Häufig befinden sich Frauen dabei auf Positionen, die in der betrieblichen Hierarchie eher im unteren Bereich rangieren, und sie üben eher weisungsgebundene Tätigkeiten aus, während die Positionen mit Entscheidungsbefugnissen, ansehnlichem Prestige und hohem Einkommen fest in männlicher Hand sind. Außerdem kommen Untersuchungen von und über Ingenieurinnen zu dem Schluss, dass Frauen eher in Tätigkeitsbereichen wie in der Dokumentation, Konstruktion, Entwicklung, Planung oder dem Labor eingesetzt werden und weniger in der Produktion, der Montage oder dem Vertrieb.[16] Doch gerade die letztgenannten Bereiche genießen ein sehr viel höheres Prestige innerhalb und außerhalb der Betriebe. Auch deshalb dürfte es wohl kein Zufall sein, wenn dort eher Männer beschäftigt sind.

Auch im Berufsleben behalten Ingenieurinnen somit ihren Sonderrollen-Status bei. Sie werden als "Exotinnen" betrachtet und finden sich erneut in einer exponierten Situation wieder, in der *ihre* Fehler eher registriert werden als die männlicher Kollegen – oftmals allein wegen ihrer hohen Sichtbarkeit. Überdies gestaltet sich das Eindringen in die informellen Kommunikationsnetze ihrer männlichen Kollegen meist schwierig. Denn in der Regel sind Ingenieurinnen zu Beginn ihrer Berufstätigkeit einem höheren Erwartungsdruck ausgesetzt: Während einem Mann zunächst ein Vertrauensvorschuss gewährt wird, indem man unterstellt, dass er gewiss hinreichend qualifiziert ist, muss eine Frau oftmals erst noch unter Beweis stellen, dass sie es auch tatsächlich ist. Selbst wenn Ingenieurinnen ihre Kollegen und Vorgesetzten schon längst durch gute Leistungen überzeugt haben, werden sie im Kontakt mit Kunden doch immer wieder in die Position der "ewigen Anfängerin" zurückversetzt oder für eine Hilfskraft gehalten. Mit anderen Worten: Frauen begegnen immer wieder der Situation, ihre Qualifikation nachträglich nachweisen zu müssen, und zwar unabhängig vom Alter und ihren Berufsjahren.

Häufig beklagen Ingenieurinnen das Konkurrenzverhalten ihrer männlichen Kollegen. So werden sie oftmals bei der Besetzung von Leitungspositionen schlichtweg ignoriert. Ferner werden Frauen nicht selten von vorneherein eine geringere Einsatzbereitschaft und kaum vorhandene Karriereabsichten unterstellt.[17] Nicht zuletzt befürchten Führungskräfte den Widerstand der (männlichen) Mitarbeiter, wenn sie ihnen eine weibliche Vorgesetzte zuteilen. Bemerkenswert ist auch folgende Analyse von Molvaer/Stein:

"Die meisten Schwierigkeiten mit Ingenieurinnen haben allerdings immer noch Kollegen mit dem gleichen Hochschulabschluss und auf der gleichen Hierarchiestufe. Dem liegt die Befürch-

---

[16] Vgl. Rundnagel, 1986; Janshen/Rudolph, 1987; Molvaer/Stein, 1994.
[17] Vgl. Minks, 1996, S. 69; eine andere Meinung vertreten hingegen Molvaer/Stein, 1994, S. 43.

tung zugrunde, dass in den Augen anderer durch den Erfolg einer Frau ihre eigene Leistung abgewertet wird. Mit dem massiven Eindringen von Frauen bröckelt der Mythos des Besonderen und Schwierigen ab, und es besteht – wie sich bereits in anderen Berufsfeldern gezeigt hat – die Gefahr der gesellschaftlichen Abwertung." (Molvaer/Stein, 1994, S. 44f.)

Darin spiegelt sich aber die Geschlechterhierarchie nur allzu deutlich wider. Erschreckend ist überdies, dass die Berichte in den 80er Jahren über die Probleme von Frauen im Ingenieurberuf sich mit denen der 90er Jahre weitgehend decken.[18] Offensichtlich erschweren äußerst zählebige Strukturen und ideologische Vorstellungen die Integration weiblicher Ingenieure schon im Ansatz.

3.4.2 (Un-)Vereinbarkeit von Familienwunsch und Berufstätigkeit

Ein für Mädchen und junge Frauen nicht bloß nebensächliches Kriterium bei ihrer Berufswahl ist die Frage der Vereinbarkeit von Familienwunsch und Berufstätigkeit. Molvaer/Stein weisen darauf hin, dass es für Ingenieurinnen nicht einfach ist, die eigene Karriere mit der Partnerschaft und einem eventuellen Kinderwunsch zu vereinbaren (vgl. Molvaer/Stein, 1994, S. 129f.). Vor allem in einem männlich geprägten Berufsfeld wird von den dort beschäftigten Frauen verlangt, sich der männlichen Normalbiographie anzupassen; das heißt aber Überstunden und andere Belastungen wie Dienstreisen u.ä. als selbstverständlich hinzunehmen. Diese Situation konfrontiert Frauen aber mit dem Dilemma "Karriere oder Familie", denn nur selten können Frauen auf Unterstützung und Entlastung durch ihren (männlichen) Partner bauen, der entsprechend die anderen notwendigen Dinge des Lebens regelt wie Ämtergänge übernimmt, den Haushalt erledigt, die Kinder betreut usw., wie es bei ihren verheirateten männlichen Kollegen zumeist der Fall ist. Dabei ist der Ingenieurberuf ein typischer 1 1/2 Personen-Beruf, den man (nur) dann erfolgreich ausüben kann, wenn man durch eine andere Person von der Belastung reproduktiver Tätigkeiten im Privatbereich freigestellt ist. Diese für Frauen problematische Konstellation spiegelt sich auch in Minks' Befragung wider: Gefragt nach beruflichen und au-

---

[18] Für die 80er Jahre: Vgl. Berg-Peer; 1981; Immenkötter/Pauls, 1985; Rundnagel, 1986. In den 90er Jahren tauchen die gleichen Aussagen z.B. in Molvaer/Stein, 1994; Hartmann/Sanner, 1997; Tischer, 1999, auf.

ßerberuflichen Perspektiven für die nächsten fünf Jahre, antworten bei den FachhochschulingenieurInnen 24 % der Männer und 27 % der Frauen, dass sie (weitere) Kinder haben wollen, zugleich möchten aber auch 89 % der Männer und 83 % der Frauen entsprechend ihrer Studienqualifikation beruflich tätig sein. Bei den IngenieurInnen mit Universitätsabschluss beantworten 26 % der Männer und 32 % der Frauen in den ABL bzw. 21 % der Männer und 45 % der Frauen in den NBL die Frage nach (weiteren) Kindern positiv. Auch in dieser Gruppe möchten Frauen wie Männer entsprechend ihrer Qualifikation beruflich tätig sein (in den ABL 86 % der Männer und Frauen, in den NBL 83 % der Männer und 73 % der Frauen).[19] Dabei ist den Frauen bewusst, dass die Realisierung ihres Kinderwunsches sich nur schwer mit den beruflichen Anforderungen verbinden lässt, während Männer darin offenbar eher kein Problem sehen; dies kommt zumindest in den Antworten von Männern und Frauen auf die Frage "Wie stark haben Sie sich für die Zukunft die unten genannten Ziele gesetzt?" zum Ausdruck. So haben bei der Antwortmöglichkeit "mich der Familie widmen" für die Fachhochschul-AbsolventInnen 64 % der Männer, aber nur 38 % der Frauen diese Frage mit "stark" und nur 15 % der Männer, aber 30 % der Frauen mit "eher nicht" beantwortet. Bei den UniversitätsabsolventInnen möchten auch die Männer sich eher "der Familie widmen", nämlich in den ABL 64 % gegenüber 46 % und in den NBL 69 % gegenüber 55 %. In den ABL wählen auch deutlich mehr Frauen die Antwortmöglichkeit "eher nicht" als Männer (25 % vs. 14 %). Dazu noch einmal Minks:

"Unter den außerberuflichen Lebenszielen fällt auf, dass Männer deutlich häufiger als Frauen vorhaben, sich der Familie zu widmen. Selbstverständlich nur in dem Maße, wie dies dem beruflichen Fortkommen nicht hinderlich ist. Die geringe Wertschätzung dieses Lebensziels durch die Absolventinnen technisch-naturwissenschaftlicher Studiengänge erklärt sich daraus, dass es für sie vom Deutungsgehalt gleichsam den Verzicht auf eine berufliche Tätigkeit einschließen würde. Dies wünscht jedoch nur eine relativ geringe Zahl dieser Frauen." (Minks, 1996, S. 40)

Teilzeitbeschäftigung ist in Ingenieurberufen eher eine Seltenheit. Nach Daten des Instituts für Arbeitsmarkt- und Berufsforschung (vgl. Parmentier/Schade/ Schreyer, 1998) arbeiteten 1995 in den ABL nur 7 % aller beschäftigten Ma-

---

[19] Vgl. Minks, 1996, S. 38ff.

schinenbau-IngenieurInnen mit Universitätsabschluss in Teilzeit; bei ihren KollegInnen mit Fachhochschulabschluss waren es 6 %, in den NBL sogar nur 5 %. Die Elektrotechnik-IngenieurInnen in den ABL sind zu 5 % (Uni) bzw. 4 % (FH) teilzeitbeschäftigt, in den NBL zu 3 % (Uni) bzw. 5 % (FH).[20]

Ein anschauliches Beispiel, welche Schwierigkeiten auf Ingenieurinnen, die ihren Familienwunsch realisieren, zukommen können, illustriert der am Ende des Kapitels eingefügte Artikel aus den VDI-Nachrichten vom 7. April 2000 sehr deutlich.[21] Unter der Rubrik "Ingenieurkarriere" findet sich unter dem Stichwort "Frauen und Karriere" der folgende Titel "Wenn die Familie wichtiger ist als der Job". Beschrieben wird darin ein "typischer Fall": Eine Ingenieurin, die seit sechs Jahren bei einem Großunternehmer beschäftigt ist, hat die Frage nach ihrer Bereitschaft zu einem Auslandsaufenthalt beim Einstellungsgespräch positiv beantwortet. Jetzt ist sie verheiratet und hat ein einjähriges Kind. In dieser Situation kommt ihr Vorgesetzter mit dem Angebot auf sie zu, durch einen Auslandsaufenthalt in den USA einen Karrieresprung zu machen. Da sich der Ehemann der Ingenieurin weigert, die Karriere seiner Frau zu unterstützen, sieht sich die Ingenieurin gezwungen, das Angebot auszuschlagen. Die in dem Artikel zu Wort kommende Headhunterin berichtet, dass sie aus ähnlich gelagerten Erfahrungen folgende Konsequenz gezogen hat: "Wenn ich für eine Stelle einen Mann und eine Frau mit gleicher Qualifikation zur Auswahl habe, schlage ich immer den Mann vor." Andernfalls sei der Ärger vorprogrammiert. "Diese Konstellation scheint wie von der Natur vorgegeben zu sein", äußert sich die Headhunterin einige Zeilen tiefer. Gemeint ist damit die Tatsache, dass Frauen in der Regel die alleinige Zuständigkeit für die Familienarbeit zugeschrieben

---

[20] Zu den Möglichkeiten, IngenieurInnenarbeit flexibel und in Teilzeit zu gestalten, siehe Hengstenberg, 1992. Die von Hengstenberg befragten Ingenieurinnen nannten als häufigst genannten Wunsch an die Gestaltung ihrer Arbeit die Reduzierung und Flexibilisierung der Arbeitszeit, u.a. um die Vereinbarkeit von Familie und Berufstätigkeit zu ermöglichen. Jedoch stellt die Umsetzung dieses Wunsches nicht nur die wohl größte Herausforderung an die bestehende Personalpolitik und Arbeitsgestaltung, sondern "rührt dieser Wunsch an eine zentrale Doktrin der IngenieurInnenarbeit, die die 'umfassende Verfügbarkeit' postuliert und hinter dem Wunsch nach Arbeitszeitreduzierung einen 'Verrat der Firma' wittert." (S. 189)

[21] Ich möchte darauf hinweisen, dass es sich bei dem beigefügten Artikel nicht um eine Kopie des Orginals handelt. Aufgrund des unhandlichen Formates habe ich den kompletten Text sowie die Bildelemente des Artikels übernommen und neu gesetzt.

wird, für die sie sich auch selbst vorrangig verantwortlich fühlen, während Männer ihre Karriere oft einer (Ehe-)Frau im Hintergrund zu verdanken haben, die ihnen den Rücken freihält, Verständnis dafür aufbringt, wenn sie kaum zu Hause sind und sich daher weder an der Hausarbeit noch an der Erziehung der Kinder beteiligen, während Frauen das auch dann noch machen, wenn sie selbst berufstätig sind, da sie mit einer solchen Unterstützung durch ihre Männer nur selten rechnen können. Insofern erscheint die Karriere von Frauen auch oft als zweitrangig, allenfalls unter der Bedingung machbar, dass ihre Ehemänner sich davon nicht tangiert fühlen.

Bemerkenswert erscheint an diesem Artikel ferner, dass seine zwiespältige Aufmachung zur Reproduktion der Geschlechterstereotype nicht unwesentlich mit beiträgt. So betrachte man nur die kleinen Kommentare am linken und rechten Rand: links ein Hinweis auf die "Einsamkeit in Führungspositionen", rechts eine Anspielung auf die (Frauen oft unterstellte) Annahme, sie würde nur ungern Dienstreisen in Kauf nehmen. Dabei ist dieser Artikel gar nicht einmal nur an Frauen adressiert, findet sich dieser Artikel doch im Fachorgan des VDI, also dem einflussreichsten Ingenieurverband Deutschlands, der sich von seiner Warte aus zu diesem Thema "Frauen und Karriere" äußert und damit auch solche Ansichten legitimiert, zugleich aber eine Werbekampagne unterstützt, die zukünftige Ingenieurinnen zu gewinnen sucht. Dadurch bleibt die Botschaft des Berichtes aber höchst ambivalent. Selbst wenn die Rede ist von "Männerseilschaften" und den Ängsten, die Frauen mit "Chefkompetenzen" unter ihren Vorstandskollegen "verbreiten", dürfte eine solche Analyse doch sehr kurzsichtig sein. Dies wird durch folgende Aussage bestätigt, die sich auf die Problematik der Chancengleichheit im Unternehmen bezieht: "Für Heide Eckner war das jedoch in ihrem Unternehmen kein Problem. Allein die klassische Rollenerwartung ihres Mannes sorgte für den Abschied von der Karrierehoffnung." Damit werden gesellschaftlich bestimmte Strukturen auf ein Privatproblem reduziert. Schließlich ist der Ehemann von Frau Eckner keine Ausnahmeerscheinung. Außerdem könnte man sich fragen, warum der Vorgesetzte von Frau Eckner ihr ein Karriereangebot zu einem Zeitpunkt unterbreitet, der die Ablehnung wahrscheinlicher macht als die Zusage, zumindest in der gegenwärtigen Struktur des Geschlechterverhältnisses. Ferner macht bereits die Überschrift des Artikels eine klare Aussage dazu, was unter dem Stichwort "Frauen und Karriere" zu verstehen ist: "Wenn die Familie wichtiger als der Job ist." Dabei wird diese Zeitung gerade auch von Ingenieuren gelesen, die IngenieurInnen einstellen. Liest man dann aber aus Mangel an Zeit oder Interesse nur die Überschriften, so sehen sich alle stereotypen Einstellungen zu diesem Thema sofort bestätigt, nach dem Motto: "Besetzen Sie Führungspositionen bloß nicht mit Frauen! Entweder sie werden schwanger oder sie können mit anderen Belastungen dieser Positionen nicht umgehen." In diesem Sinne ist auch der Schluss des Artikels höchst aufschlussreich:

"Mittlerweile hat Heide Eckner ihrem Chef schweren Herzens die Entscheidung mitgeteilt, das Auslandsangebot abzulehnen, "schließlich hat meine Familie für mich doch Priorität". Natürlich sei er enttäuscht gewesen, "aber er hat gemeint, vielleicht klappt das dann in zwei Jahren". Heide Eckner hat genickt, doch daran glauben kann sie nicht. Auch wenn sie keine negativen Folgen fürchtet ("ich werde jetzt nicht plötzlich gemobbt"), ahnt sie doch, dass der Weg raus aus der Zentrale für den Weg nach oben zwingend notwendig gewesen wäre. "Mit der Absage habe ich mir die Karriere jetzt erst mal verbaut" sagt sie leise."

Hierbei fällt auf, dass die Ingenieurin von vornherein die gesamte Verantwortung für die Situation auf sich nimmt. Ihr Ehemann versagt ihr die Unterstützung und ihr Chef fragt sie zu einem denkbar ungünstigen Zeitpunkt – am Ende scheint aber sie allein, aufgrund ihrer "Entscheidung", ihre Karriere "verbaut" zu haben.

Was hier den Akteuren als eine persönliche Entscheidung, also als ein individuelles, bewusstes und abwägendes Verhalten zugerechnet wird, erweist sich bei genauerer Betrachtung in hohem Maß von der Struktur des Geschlechterverhältnisses unserer Gesellschaft geprägt. Dieses zeichnet sich vor allem auch durch eine geschlechtsspezifische Arbeitsteilung aus, der wiederum eine gesellschaftliche Hierarchie zugrunde liegt, die eine sehr eigentümliche Reproduktionslogik aufweist. Dieser Logik weiter auf den Grund zu gehen, ist Gegenstand des nächsten Kapitels.

FRAUEN UND KARRIERE

Wenn die Familie wichtiger ist als der Job

**VDI nachrichten, 7.4.00
Karriere und Familie lassen sich oft nur schwer unter einen Hut bringen. Eine Personalberaterin hat daraus die Konsequenz gezogen und schlägt im Zweifelsfall einen Mann vor, wenn eine Führungsposition zu besetzen ist.**

Heide Eckner (Name geändert) war in der Zwickmühle. Damals beim Einstellungsgespräch in einem Großkonzern, war die Ingenieurin noch ungebunden und hatte die Frage, ob sie auch ins Ausland gehen würde, prompt bejaht.

Nun, sechs Jahre später, ist die Abteilungsleiterin verheiratet, hat ein kleines Kind, als der Chef ihr eines Tages anbietet, durch einen Auslandsaufenthalt in der US-Niederlassung einen Karrieresprung zu machen. Schon nach dem ersten Gespräch mit ihrem Mann ist ihr klar: die Familie macht da nicht mit. "Ich wusste gleich, dass diese Ablehnung unumstößlich ist, da konnte ich machen und sagen, was ich wollte."

Ein typischer Fall, findet die Headhunterin Gabriele Meinz (Name geändert). Deshalb hat sie für sich überraschend nüchterne Konsequenzen gezogen: "Wenn ich für eine freie Stelle einen Mann und eine Frau mit gleicher Qualifikation zur Auswahl habe, schlage ich immer den Mann vor." Andernfalls sei der Ärger vorprogrammiert.

Frauen, die sich irgendwann zwischen Karriere und Familie entscheiden zu müssen und Manager, die sich durch Frauen in Führungspositionen unter Druck fühlen, sorgen dafür, dass "Frauen in Spitzenpositionen immer noch ein Stiefkind sind, das sich so leicht auch nicht verpflanzen lässt" (Meinz). Und weil attraktive Führungspositionen eben selten direkt vor der Haustür liegen, bleibt alles beim alten.

Wie ein roter Faden zieht sich das permanent schlechte Gewissen bei Frauen mit hoher Arbeitsbelastung durch ihren Lebenslauf, das ihnen ständig das Gefühl gibt, die Rolle als Familienmittelpunkt zu vernachlässigen. Ehemänner, die auf die Karriere ihrer Frau nicht die geringste Rücksicht nehmen, ja sogar ihre eigene Position als Oberhaupt gefährdet

*Einsamkeit:
Führungspositionen sind nicht immer begehrt.*

FRAUEN

Vier Stunden in die Mangel genommen

*"Ein Fensterbau-Unternehmen suchte einen neuen Leiter für die Konstruktion. Der Berater fand eine Ingenieurin, die wirklich top war. Doch seine Unsicherheit, eine Frau vorzuschlagen war so groß, dass er sie vier Stunden im Vorinterview in die Mangel nahm und so viele Zeichnungen machen ließ, dass das ganze Büro damit übersät war. Bei einem Mann hätte er soviel Absicherung nie und nimmer gebraucht. Mit weichen Knien ging er schließlich mit ihr in die Präsentation im Unternehmen. Sie bekam am Ende die Stelle, doch wenn Frauen für solche wichtigen Positionen in Frage kommen, ist es jedesmal ein Riesendrama."
(Gabriele Meinz, Headhunterin) A. L.*

sehen, verschärfen das Problem. "Diese Konstellation scheint wie von der Natur vorgegeben zu sein", so Meinz weiter.

Dazu kommen Männerseilschaften, die auf dem Weg nach oben im Unternehmen lebenswichtig sind. Männer schlagen in der Regel Männer für vakante Positionen vor, so bleibt man unter sich, behält seine Sicherheit und weiß, wie man miteinander umzugehen hat.

Eine Frau mit Chefkompetenz verbreitet unter Vorstandskollegen nicht selten Ängste, "auch wenn das natürlich keiner zugibt", so Meinz. Vor diesem Hintergrund ist sie sich ganz sicher, dass beispielsweise dem ersten und bis heute einzigen weiblichen Vorstand einer deutschen Großbank, der 1996 verstorbenen, überaus erfolgreichen Ellen-Ruth Schneider-Lenne, von der Deutschen Bank, so schnell keine weitere Frau in die Top-Ebene einer Bank folgen wird.

Ein Manko für Frauen bei ihrem Vormarsch in den Unternehmen ist sicher auch ihr Problem, nach dem Vorbild der Männer untereinander berufliche Kooperationen einzugehen. "Weibliche Führungskräfte schweben wie einzelne Planeten umher, die nichts voneinander wissen", hat Gabriele Meinz beobachtet.

Das Ergebnis ist in den meisten Organigrammen ablesbar: Hier mal Leiterinnen in "weiblichen" Sparten wie Marketing oder Personalwesen und dort mal eine Pressesprecherin, doch die Kernabteilungen wie Vertrieb, Technik und erst recht der Vorstand sind männlich.

Bei der Volkswagen AG in Wolfsburg versucht man bereits seit zehn Jahren, mit Hilfe der Abteilung Frauenförderung endlich eine Umkehr zu erreichen. So werden zum Beispiel Outdoor-Trainings für weibliche Mitarbeiterinnen organisiert, "damit Frauen lernen, sich aufeinander zu verlassen und angebotene Hilfe der anderen in Anspruch zu nehmen", erläutert Traudel Kleitzke, Leiterin der VW-Frauenförderung. Denn häufig seien Frauen zu zurückhaltend, wenn es um die Durchsetzung eigener Ziele geht, so ihre Erfahrung. So gehe es "bei der Frauenförderung nicht um Hilfestellung für defizitäre weibliche Zielgruppen, sondern um Herstellung von Chancengleichheit und die Überwindung struktureller Barrieren".

Für Heide Eckner war das jedoch in ihrem Unternehmen kein Problem. Allein die klassische Rollenerwartung ihres Mannes sorgte für den Abschied von der Karrierehoffnung. Doch die Headhunterin Gabriele Meinz sieht Licht am Ende des Tunnels. "Die Karrieren von Rita Süssmuth und Angela Merkel sind Beleg für den gesellschaftlichen Umbruch, und nicht von ungefähr denken die neuen Männer zwischen 30 und 45 schon viel flexibler als die aktuelle Führungsgeneration um 55, der nur ihre eigene Karriere heilig ist."

Auch bei VW hat man sich ehrgeizige Ziele vorgenommen. So soll der Anteil von Frauen in Führungspositionen von bislang 8% mittelfri-

Foto (2) Bavaria

Heute Rio, morgen Shanghai: Nicht alle wollen ständig um die Erde jetten.

stig auf 30% erhöht werden. Dazu gibt es Maßnahmen wie das EJ-Projekt NOW, mit dessen Hilfe 36 weibliche Nachwuchskräfte von Mentoren, allesamt (natürlich männliche) VW-Führungskräfte, gecoacht werden, denn "dieser Aufbau von Netzwerken ist ein entscheidender Faktor beim Erklimmen der Karriereleiter", so Traudel Klitzke.

Mittlerweile hat Heide Eckner ihrem Chef schweren Herzens die Entscheidung mitgeteilt, das Auslandsangebot abzulehnen, "schließlich hat meine Familie für mich doch Priorität". Natürlich sei er enttäuscht gewesen, "aber er hat gemeint, vielleicht klappt das dann in zwei Jahren". Heide Eckner hat genickt, doch daran glauben kann sie nicht. Auch wenn sie keine negativen Folgen fürchtet ("ich werde jetzt nicht plötzlich gemobbt"), ahnt sie doch, dass der Weg raus aus der Zentrale für den Weg nach oben zwingend notwendig gewesen wäre. "Mit der Absage habe ich mir die Karriere jetzt erst mal verbaut", sagt sie leise.

A. Leimbach

4. Pierre Bourdieus Soziologie des Habitus

Ausgangspunkt ist die Benachteiligung von Frauen im Bereich der technischen Studienfächer und Berufe, denen sich Frauen durchweg ausgesetzt sehen, für die sie sich zum Teil aber auch, wie eben gesehen, selbst mit verantwortlich zeichnen.

Um nun das Funktionieren dieser Benachteiligung besser zu verstehen, erscheint es unabdingbar, den Blick nicht nur auf die kulturelle Konstruktion dieses speziellen Verhältnisses, sondern auch auf die Mechanismen insgesamt zu richten, die zur Reproduktion solcher gesellschaftlichen Verhältnisse führen und die sich jenseits des bewussten Wollens und Handelns einzelner vollzieht.

Zu diesem Zweck bediene ich mich der Soziologie des Habitus von Pierre Bourdieu, weil mit dem Erklärungskonzept eine theoretisch elaborierte und empirisch geprüfte Perspektive zur Verfügung steht, mit der sich die soziale Dynamik dieses Herrschaftsverhältnisses zwischen den Geschlechtern sehr gut beschreiben und analysieren lässt.

4.1 Das Habitus-Konzept: Soziale Ordnung, Struktur und Praxis

Pierre Bourdieu hat sich in seinen ethnologischen und soziologischen Arbeiten eingehend der Erforschung der Mechanismen der Reproduktion sozialer Macht gewidmet. Im Mittelpunkt seiner theoretischen Überlegungen stehen kulturelle Konstruktionen, symbolische Ordnungen und die soziale Praxis, die sich daraus generiert, wobei er die Vermittlung dieser drei Dimensionen wiederum über die Habitustheorie zu erklären sucht.[22] Soziale Praxis ist demnach stets auch klassifizierende Praxis, der zufolge soziale Differenzierungen fortwährend reproduziert werden – jenseits des bewussten, rein voluntaristischen Handelns.

---

[22] Der Habitusbegriff ist keine Erfindung Bourdieus. Er wurde bereits von Hegel, Husserl, Weber, Durkheim und anderen (Sozial-)Wissenschaftlern verwendet. Für Bourdieus Theorie ist er jedoch im Unterschied zu anderen Konzepten von zentraler Bedeutung.

Nach Bourdieu stellt die männliche Herrschaft den besonderen Fall eines allgemeinen Modells von Herrschaft dar, die er als *symbolische Herrschaft* bezeichnet. Symbolisch bedeutet nun nicht, dass sie sich nicht real auswirkt. Denn symbolische Herrschaft rekurriert durchaus auf die Prinzipien sozialer Ordnung und die Sicht und Einteilungen der sozialen Welt und hinterlässt dort reale Auswirkungen; zugleich sind diese Prinzipien aber auch in den Habitus der Akteure eingeschrieben und in den objektiven Strukturen der sozialen Welt instituiert.

Generell sind Habitusformen als "Systeme dauerhafter Dispositionen" zu verstehen, d.h. als "strukturierte Strukturen, die geeignet sind, als strukturierende Strukturen zu wirken, mit anderen Worten: als Erzeugungsprinzip von Praxisformen und Repräsentationen" (Bourdieu, 1976, S. 165). Dabei umfasst der Habitusbegriff nicht bloß die Einprägung von Wissen und Erinnerung; vielmehr geht er in seiner analytischen Reichweite weit über das Erfassen mechanischer oder intellektueller Verhaltensmuster hinaus. Denn von frühester Kindheit an bildet sich der Habitus in einem symbolisch strukturierten Raum aus; äußere soziale Strukturen werden verinnerlicht und bestimmen wiederum die Grenzen des Wahrnehmens, Denkens und Handelns. Der Habitus bezeichnet damit ein gesellschaftliches, historisch bedingtes Prinzip. Er ist nicht angeboren, sondern beruht auf Erfahrungen und ist das Produkt der Geschichte eines Individuums und zugleich durch die objektiven Bedingungen seines Werdens strukturiert.

Bourdieu unterscheidet drei Schemata des Habitus: *Wahrnehmungsschemata*, *Denkschemata* und *Handlungsschemata*. Die Wahrnehmungsschemata strukturieren die alltägliche Wahrnehmung der sozialen Welt. Die Denkschemata stellen den Akteuren dagegen Alltagstheorien und Klassifikationsmuster zur Verfügung, mittels derer die Akteure die soziale Welt interpretieren und kognitiv ordnen; auch ihre impliziten ethischen Kategorien zur Beurteilung sozialer Handlungen und ihre ästhetischen Maßstäbe zur Bewertung kultureller Objekte und Praktiken, ihr "Geschmack", zählen dazu. Schließlich generieren die Handlungsschemata die Praktiken der Akteure. Bourdieu beschreibt den Habitus auch als einen "modus operandi", der wesentlich die Art und Weise der Ausführung von Praktiken bestimmt.

Die Schemata können nur analytisch voneinander getrennt werden, in der Praxis sind sie miteinander verflochten und wirken immer zusammen. Sie haben einen generellen Anwendungsbereich, der es den Akteuren ermöglicht, sich in der sozialen Welt zu orientieren und in sozialen Situationen "sinnvoll" agieren und reagieren zu können. Dadurch befähigen sie die Akteure, auf Praktiken zurückgreifen zu können, welche als adäquat im Sinne des Alltagsverstandes gelten. Bourdieu spricht in diesem Zusammenhang auch vom "Sozialen Sinn", der den Akteuren dazu verhilft, sich in der sozialen Welt im Allgemeinen und in den einzelnen Praxisfeldern zurechtzufinden und unmittelbar verständliche Praktiken hervorzubringen.

Gewöhnlich funktioniert der die Praktiken generierende soziale Sinn mit der Sicherheit eines Instinkts. Das bedeutet, dass die Schemata des Habitus den Akteuren "einverleibt" sind, dass sie mehr oder weniger unbewusst wirken und gewöhnlich nicht oder nur bruchstückhaft bewusst werden. Hierbei betont Bourdieu besonders, dass die Schemata in den Körper eingelagert sind; sie transformieren den Körper dauerhaft und bestimmen die leibliche Hexis, d.h. die Körperhaltungen und -bewegungen, das Auftreten, die Mimik und Gestik und selbst die Art des Sprechens.

Der Habitus eines Akteurs – oder einer Gruppe von Akteuren – wird dabei durch die spezifische Position innerhalb der Sozialstruktur bestimmt.[23] Er formt sich durch die Verinnerlichung der spezifischen äußeren gesellschaftlichen, d.h. materiellen und kulturellen Bedingungen. Diese Bedingungen sind aber gerade

---

[23] Eine weitere, den Habitus bestimmende Dimension liegt in den Besonderheiten der individuellen Biographie, wie z.B. das Aufwachsen in einer bi-nationalen Familie oder als Einzelkind; in einer Großstadt oder im ländlichen Raum, und ähnliche Bedingungen mehr; vgl. Bourdieu, 1987, S 112ff. Für mein Thema ist der Befund von Janshen/Rudolph interessant, nachdem mehr als die Hälfte der Väter der von ihnen befragten Ingenieurinnen technikbezogene Tätigkeiten ausübten (vgl. Janshen/Rudolph, 1987, S. 59). Zwei Drittel der Ingenieurinnen betonten das gute Verhältnis zum Vater. Diese Faktoren können von daher Einfluß auf eine "geschlechtsuntypische" Berufswahl haben.

in modernen, differenzierten Gesellschaften ungleich verteilt, nämlich klassenspezifisch, aber auch altersmäßig und vor allem geschlechtsspezifisch.

Die Inkorporation der äußeren Bedingungen vollzieht sich nun in einem überwiegend latent bleibenden kontinuierlichen und kollektiven Prägungsprozess, gleichsam eine "stille Pädagogik", durch unscheinbare Imperative und Ermahnungen hinsichtlich des guten Benehmens, des richtigen Betragens und des kontextangemessenen Verhaltens, kurzum: als stillschweigende Vermittlung dessen, was für "schicklich" erachtet wird. Dabei kommt der frühen Erfahrung im Rahmen von Bourdieus Habitustheorie ein besonderes Gewicht zu.

Im Zuge der habituellen Inkorporation werden kontingente soziokulturelle Verhältnisse zu etwas vollkommen "Natürlichem", zu etwas Unhinterfragtem/Unhinterfragbarem, dessen historischer Ursprung bald in Vergessenheit gerät. Und da die im Habitus verinnerlichten Schemata dazu führen, die soziale Ordnung, die den Strukturen der sozialen Welt zugrunde liegt, den Akteuren als naturgegeben zu erscheinen, manifestiert sich im Habitus der *amor fati*, die Liebe zum Schicksal, die die Anerkennung der herrschenden Ordnung zur Folge hat.[24]

"Wird die soziale Welt tendenziell als etwas Evidentes wahrgenommen und als etwas – das in Husserlschen Begriffen – gemäß einer doxischen Modalität erfasst wird, dann deshalb, weil die Dispositionen der Akteure, ihr Habitus, das heißt die mentalen Strukturen, vermittels deren jene die soziale Welt erfassen, wesentlich das Produkt der Interiorisierung der Strukturen der sozialen Welt sind. Da die Wahrnehmungsdispositionen tendenziell an die Position angepasst sind, nehmen selbst noch die am wenigsten privilegierten Akteure tendenziell die Welt als selbstverständlich wahr und akzeptieren sie weitreichender, als man sich vorstellen würde, vor allem dann, wenn man die Situation der Beherrschten mit dem Auge eines Herrschenden betrachtet." (Bourdieu, 1992, S. 143f.)

Doch stellt der Habitus mit den in ihm verinnerlichten Strukturen nur die eine Seite eines komplexen Verhältnisses dar, dessen andere Seite die externen, objektiven Strukturen sind, d.h. das entsprechende Feld, indem ein Habitus je-

---

[24] Faßt man die geschlechtliche Identität eines Akteurs als eine grundlegende Dimension des Habitus auf, wird die Mitwirkung der Frauen an diesem Herrschaftsverhältnis erfassbar, denn damit können auch die subtileren Mechanismen der Reproduktion dieses spezifischen Herrschaftsverhältnis systematisch in die Analyse des Geschlechterverhältnisses einbezogen werden.

weils generiert wird. Dabei besteht zwischen Habitus und Feld ein komplementäres, unauflösliches Verhältnis.

Nun kann die soziale Welt in hochdifferenzierten Gesellschaften als ein mehrdimensionaler sozialer Raum gedacht werden. Wendet man den Feldbegriff daher auf solche Gesellschaften an, hat man es jeweils mit mehreren gesellschaftlichen Dimensionen oder Funktionsbereichen zu tun, von denen jeder Einzelne ein Feld darstellt, wie das politische Feld, das ökonomische Feld, das wissenschaftliche Feld und so fort. Davon aber abgesehen, sind Felder immer Konstellationen objektiver Strukturen, wobei objektive Strukturen bedeutet: vom Willen und Bewusstsein der einzelnen Akteure weitgehend unabhängige Bedingungen der Einschränkung des Möglichen.

Die Dialektik zwischen den objektiven und den einverleibten Feldstrukturen lässt sich wie folgt beschreiben: Der Habitus der Akteure bildet sich im Zuge einer Einverleibung jener externen Feldstrukturen aus, während zugleich vermittels der Praktiken, die der Habitus gemäß seinen spezifischen Erzeugungsbedingungen generiert, die externen Feldstrukturen reproduziert und stabilisiert werden. Es besteht also ein systematischer, ja zirkulärer Zusammenhang zwischen Feld, Habitus und Praxis, der zu sich wechselseitig verstärkenden Effekten führen kann. Der Habitus fungiert dabei als Vermittler zwischen Feld und Praxis. Denn die Feldstrukturen existieren nur durch die Ausführung der individuellen und kollektiven Praktiken. Deshalb kommt es zu einer Art von Zirkel, weil Generierung und Reproduktion allenfalls analytisch getrennt gedacht werden können. Dies gilt so vor allem für traditionelle Gesellschaften.[25]

In modernen Gesellschaften mit ausdifferenzierten, relativ autonomen Feldern, sozialstrukturell disparaten Klassen und einer damit verbundenen Dynamik sozialen Wandels stellt sich die Relation zwischen Habitus und Feld etwas komplexer dar. Dort ist die statistische Wahrscheinlichkeit größer, dass der Habitus unter Verhältnissen zur Anwendung kommt, die sich von denen seiner ur-

---

[25] Hier verstanden als Gesellschaften mit geringer sozialer Differenzierung, in denen nur selten Situationen gegeben sind, wo der soziale Sinn des Habitus mit sozialen Strukturen oder Ereignissen konfrontiert wird, dass er als praxisgenerierendes Prinzip scheitert.

sprünglichen Genese unterscheiden, sei es aufgrund des allgemeinen sozialstrukturellen Wandels, aufgrund individueller sozialer Mobilität oder aufgrund des Engagements in habitusfremden Feldern. Es kann also ständig passieren, dass man sich mit seinem eigenen Habitus in ein Feld begibt, das vom eigenen Habitus aus gesehen als völlig unvertraut erfahren wird und in dem man sich wie ein Fremder vorkommt, weil man nicht entsprechend "habitualisiert" ist.

Zur Klärung der Frage, ob die Habitusstrukturen die externen Feldstrukturen eher reproduzieren oder transformieren, muss das Verhältnis der Entstehungsbedingungen des Habitus zu den aktuellen Bedingungen seiner Anwendung empirisch untersucht werden. Bourdieu betont in seinen Arbeiten jedoch die Beharrungstendenzen des Habitus, die mit der Einprägsamkeit der frühen Erfahrungen zusammenhängen:

"Das besondere Gewicht der ursprünglichen Erfahrungen ergibt sich nämlich im wesentlichen daraus, dass der Habitus seine eigene Konstantheit und seine eigene Abwehr von Veränderungen über die Auswahl zu gewährleisten sucht, die er unter neuen Informationen trifft, indem er z.b. Informationen, die die akkumulierte Information in Frage stellen könnten, verwirft, wenn er zufällig auf sie stößt oder ihnen nicht ausweichen kann, und vor allem jedes Konfrontiertwerden mit derlei Informationen hintertreibt: man denke nur an die Homogamie als Paradigma aller 'Entscheidungen', mit denen der Habitus alle Erfahrungen zu bevorzugen sucht, die dazu taugen, ihn selbst zu verstärken."(Bourdieu, 1987, S. 113f.)

Bourdieu beschreibt, wie sich der Habitus durch eine systematische Auswahl von Orten, Personen des Umgangs und Situationen vor Krisen und kritischer Befragung schützt, "indem er ein Milieu schafft, an das er soweit wie möglich vorangepasst ist, also eine relativ konstante Welt von Situationen, die geeignet ist, seine Dispositionen dadurch zu verstärken, dass sie seinen Erzeugnissen den aufnahmebereitesten Markt bieten" (Bourdieu, 1987, S. 114). Das heißt nichts anderes, als dass die mit spezifischen Dispositionen ausgestatteten Akteure Zugang zu den Handlungsfeldern suchen, in denen sie für den Einsatz ihrer Handlungsdispositionen das beste Ergebnis erzielen können. Wenn nun Einklang zwischen den subjektiven Strukturen des Habitus und den objektiven Strukturen der sozialen Welt gegeben ist, zwischen innerer Erwartung und äußerer Entsprechung, werden die Dinge des Lebens als "natürlich" erfahren, oder mit den Worten Bourdieus: als "doxische" Erfahrung erlebt. Diese Art der Erfahrung der sozialen Welt ist aber die uneingeschränkteste Form von Anerkennung und Legitimation, da sie jeder Infragestellung enthoben ist und die soziale Welt und ihre willkürlichen Einteilungen – angefangen bei der gesellschaftlich konstruierten Einteilung der Geschlechter – als natürlich gegeben, evident und unabwendbar auffasst. Dadurch können soziale "Entscheidungen" als solche aber gar nicht mehr erkannt werden.[26] Wenn nämlich die mit der Primärerfahrung einhergehenden Wahrnehmungs-, Denk- und Handlungsschemata immer wieder auf Praxisverhältnisse treffen, die denen ihrer Entstehungsbedingungen gleich oder ähnlich sind, was z.B. für Frauen die Selbstverständlichkeit der primären Zuständigkeit für die Reproduktionstätigkeiten sein könnte, dann besteht für die Akteure kein Anlass, ihre bewährten Wahrnehmungs-, Denk- und Handlungsschemata in Frage zu stellen. Solange die doxische Erfahrung der Alltagswelt und die ihr zugrunde liegenden Schemata des Habitus aber nicht durch neue Erfahrungen in Frage gestellt werden, besteht keinerlei Notwendigkeit zur Transformation, da die entscheidende, praxisrelevante Eigenschaft von Wissen und Denken vom Standpunkt der Akteure aus nicht in deren "Objektivität" oder "Wahrheit" liegt, sondern in ihrer Praktikabilität und Ökonomie.

Erst in Krisensituationen, in denen die habituellen Erwartungsstrukturen enttäuscht und die eingelebten Schemata in Frage gestellt werden, kann es zu einer Tendenz des Auseinanderdriftens von Habitus und Feld kommen. Das ist z.B. dann der Fall, wenn die Akteure in ein habitusfremdes Feld eintreten. Die Akteure spüren in einem solchen Moment, dass sie nicht (mehr) über die richtige Art und Weise des Umgangs mit der Situation verfügen und teilen dies durch unsicheres Verhalten, Orientierungslosigkeit oder unangemessenes Auftreten mit. Die Geschmeidigkeit, mit der der Habitus die relevanten Praktiken entsprechend der bislang gemachten Erfahrung ansonsten generiert, kommt dann teilweise oder völlig abhanden, was zum partiellen oder totalen Scheitern des Ha-

---

[26] So wird z.B. "Mütterlichkeit", hier als enger emotionaler Bezug zum Kind verstanden, im allgemeinen als eine "natürliche" Eigenschaft von Frauen betrachtet und jegliche Infragestellung bzw. jeder Hinweis darauf, dass es sich dabei um eine kulturelle Konstruktion des Bürgertums handelt, der eine bestimmte historische Entwicklung zugrunde liegt, wird in der Regel mit Skepsis oder Unglauben quittiert.

bitus als praxisgenerierendes Prinzip und zu seiner Ersetzung durch z.B. kalkulierte, opportunistische oder okkasionelle Chancenabwägung führen kann.

4.2 Zur Komplementarität von Habitus und Feld

Wie bereits angedeutet wurde, weisen Felder – auch wenn diese nur durch die Praxis der Akteure existieren – vom Bewusstsein und Willen der Akteure unabhängige Strukturen auf. Die objektive Strukturierung der Felder bedeutet demnach für die Akteure, dass sie gewissen Zwängen unterliegen, selbst wenn diese Zwänge nur durch die vom Habitus generierte Praxis aufrechterhalten werden und somit in und durch die Akteure selbst wirken. In Anlehnung an Durkheim, der die relative Eigenständigkeit sozialer Tatsachen und den Zwang, den jene Tatsachen dem Handelnden jeweils auferlegt, betonte, spricht Bourdieu deshalb auch von der "Ding gewordenen Geschichte".

Worin bestehen nun diese Zwänge? Am besten lässt sich dies an einem Beispiel zeigen: Wenn Schüler, gerade mit dem Abitur fertig, das erste Mal an die Universität kommen, dann sind sie üblicherweise mit den Regeln des wissenschaftlichen Feldes nicht vertraut. Oft brauchen sie ein oder zwei Semester, um sich mit dem akademischen Habitus soweit vertraut zu machen, dass sie sich "richtig" verhalten. Das heißt aber: Ihr Habitus "lernt" in dieser Zeit anhand der Erfahrungen, die sie machen, was als angemessenes Verhalten im universitären Feld angesehen wird und was nicht. Zunächst jedoch erfahren sie ein Gefühl der Unsicherheit; es kommt zu einer eklatanten Diskrepanz zwischen den Erwartungen der professionellen Akteure und ihren eigenen Verhaltenserwartungen, was voraussehbare Schwierigkeiten heraufbeschwört, weil die Regeln noch nicht hinreichend beherrscht werden und daher noch nicht "selbstverständlich" geworden sind.

Derartige Regeln finden sich in allen sozialen Feldern, ja sie machen die Spezifik eines Feldes erst aus, weshalb soziale Felder auch als *Spiel-Felder* oder *Kampf-Felder* betrachtet werden können. Bourdieu definiert sie auch als "autonome Sphären", in denen nach jeweils besonderen Regeln "gespielt" wird. Sie legen fest, was im Rahmen des Spiels möglich ist und was nicht, was erlaubt ist und was nicht; sie definieren und konstituieren erst das Spiel als Spiel.

Die für die Spiele konstitutiven Regeln sind für gewöhnlich nicht explizit formuliert oder kodifiziert, sondern werden in praxi befolgt. Diese Praktiken, also die einzelnen Spielzüge, werden durch den praktischen Sinn des Habitus, hier: als Sinn für das Spiel, generiert. Um dies nochmals an einem Beispiel zu verdeutlichen: Ein Kreditberater einer Großbank wird Geschäftskunden gegenüber ein spezifisches Verhalten an den Tag legen, das genau an die Notwendigkeiten des ökonomischen Spiels "Kreditvergabe" angepasst ist, so wie auch ein erfahrener Geschäftsmann instinktiv die richtigen Gesten, das richtige Auftreten und die richtigen Unterlagen vorlegen wird, um sein Ziel – einen Kredit zu bekommen – zu erreichen.

Die verschiedenen sozialen Felder sind im wesentlichen durch ihren spezifischen Spielraum, ihre Spielregeln und ihre jeweiligen Einsätze definiert. Die Einsätze stellen neben den Spielregeln eine weitere Art der Einschränkung für die Akteure dar. Man könnte auch von einer Art Knappheit der feldspezifischen Ressourcen sprechen. Wie in Wettkampfspielen, so ist auch in den sozialen Spielen die Position der Spieler durch die Verfügungsgewalt über spezifische Ressourcen bedingt. Diese Ressourcen nennt Bourdieu *Kapital*. "Gleich Trümpfen in einem Kartenspiel, determiniert eine bestimmte Kapitalsorte die Profitchancen im entsprechenden Feld (faktisch korrespondiert jedem Feld oder Teilfeld die Kapitalsorte, die in ihm als Machtmittel und Einsatz im Spiel ist)." (Bourdieu, 1985, S. 10)

Konsequent ausgeführt, müsste daher jedem sozialen Feld eine spezifische Kapitalsorte zugerechnet werden (können). Bourdieu selbst führt jedoch – streng betrachtet – nur vier Kapitalsorten ein: das *ökonomische*, das *kulturelle* und das *soziale* Kapital und schließlich das *symbolische* Kapital als das legitime, das gesellschaftlich erkannte und anerkannte Kapital. Problematisch ist auch, dass der Feldbegriff zweierlei Lesarten erlaubt: Einerseits liest sich der Feldbegriff im Verhältnis zum Begriff des sozialen Raumes als ein Teilbereich oder in funktionalistischer Terminologie als ein *Teilsystem im Verhältnis zur Ge-*

samtgesellschaft; andererseits benutzt Bourdieu die beiden Begriffe bisweilen synonym. Dadurch verliert der Feldbegriff aber an Trennschärfe.

Beate Krais grenzt den Feldbegriff wiederum zu sehr ein, wenn sie neben der schon erwähnten konstitutiven Bedingung, dass es in der Praxis eines spezifischen Feldes um ein spezifisches Kapital oder eine spezifische Kombination mehrerer Kapitalien geht, schreibt, dass "man von einem Feld nur dann sprechen [kann, d.V.], wenn es Personen gibt, die eine bestimmte Dimension gesellschaftlicher Praxis zu ihrem *Beruf* gemacht haben, das heißt, wenn einer analytisch denkbaren Gliederung des sozialen Raumes die reale gesellschaftliche Arbeitsteilung entspricht" (Krais, 1989, S. 56f.). Denn wenn man den Feldbegriff (nur) als Bereiche beruflicher Praxis auffasst, fallen Felder gesellschaftlicher Praxis, die durchaus eine reale gesellschaftliche "Arbeitsteilung" kennen, aber keinerlei Berufsrollen aufweisen, wie z.B. das Feld der Intimbeziehungen, aus dem analytischen Rahmen heraus.

Dagegen erscheint die Auslegung von Hans-Peter Müller angemessener, da sie auch lebensweltliche Bereiche integriert:

"Analytisch betrachtet bezieht sich 'le champ social' auf eine Konfiguration oder Konstellation, die meist einen Markt, die beteiligten Akteure und ihre Interessen sowie Strategien, den oder die institutionellen oder organisatorischen Kontexte als auch die typisch zu erwartenden Spannungen und Konfliktlinien umfasst." (Müller, 1986, S. 165)

Angesichts des Befundes, dass der Feldbegriff Bourdieus etwas unscharf bleibt, vor allem dann, wenn von einer eindeutigen Korrespondenz zwischen einem spezifischen Feld und einer bestimmten Kapitalsorte ausgegangen wird, der Feldbegriff von Krais dagegen zu eng erscheint, wenn sie ihn nur für Berufsfelder gelten lässt, orientiert sich die Arbeit im weiteren an dem Feldbegriff von Müller (1986), jedoch noch um die von Bourdieu vorgebrachte konstitutive Bedingung einer für jedes Feld spezifischen Kapitalart ergänzt.

Konstitutiv für Felder sind demnach folgende Bedingungen:

(1)   Jedes Feld weist eine historisch entstandene Konstellation/Konfiguration von sozialen Positionen auf, die Prozessen der Reproduktion und des Wandels unterliegt.

(2) Diese sozialen Positionen werden von Akteuren besetzt – dies können Ethnien, Klassen, verschiedene Fraktionen einer Klasse, aber auch Altersgruppen oder Geschlechter sein –, die bestimmte Interessen verfolgen, die sich – mit Bourdieus Klassentheorie gesprochen – auf den Aufstieg oder die Erhaltung einer erstrebenswerten Position im Feld richten. Wichtig ist in diesem Zusammenhang auch, dass es nach Bourdieu keine absolut interessenlose Praxis gibt.

(3) Die Interessensverfolgung orientiert sich wiederum an Strategien, quasi das, was Bourdieu mit dem Begriff "Spielregeln" bezeichnet (die vom Habitus generierte Praxis in den Feldern).

(4) Hinzu kommen als einschränkende Bedingungen des sozialen Handelns (im Sinne weiterer Spielregeln) die institutionellen/organisatorischen Kontexte (z.B. Schulen, Universitäten, Organisationen als "objektivierte Geschichte", aber auch die gesellschaftliche [geschlechtsspezifische] Arbeitsteilung, Berufshierarchien etc.).

(5) Ferner lassen sich die Beziehungen zwischen den Akteuren zumeist als Spannungen bzw. Konfliktlinien beschreiben: Da die Akteure als Inhaber irgendwelcher Positionen im Feld interagieren, ihre Chancen ungleich verteilt sind und die objektiven Strukturen mit den spezifischen subjektiven Interessen nicht für alle Akteure gleichermaßen gelten, kann es zu feldspezifischen Spannungen/Konfliktlinien kommen.

(6) Schließlich wird mit Bourdieu davon ausgegangen, dass jedes Feld per definitionem eine feldspezifische Kapitalart aufweist, die wiederum mit anderen feldfremden Kapitalarten kombiniert werden kann, welche dann gemeinsam für die Position im Feld relevant sind, d.h. die Verfügungsgewalt über ein feldspezifisches Machtmittel und die Besonderheit des symbolischen Kapitals in diesem Feld ausmachen.

4.3 Die Kapitalarten

Nach Bourdieu lässt sich die relative Stellung von Akteuren oder Gruppen innerhalb des sozialen Raumes also anhand des Umfangs und der Verteilungsstruktur der Kapitalarten bestimmen, mit besonderer Hervorhebung der jeweils feldeigenen Kapitalsorte, die jedem Feld seine Identität und Identifizierbarkeit verleiht. Als Modell für alle Kapitalsorten dient ihm dabei erwartungsgemäß das ökonomische Kapital.

Von seiner Genese her ist Kapital charakterisierbar als akkumulierte Arbeit. Auch wenn Bourdieu mehrere Kapitalsorten erwähnt, wie beispielsweise das technologische oder das politische Kapital, führt er selbst doch nur drei bzw. vier Kapitalsorten konkret aus, nämlich, wie bereits genannt, das ökonomische, das kulturelle, das soziale und das symbolische Kapital. Die ersten drei Kapitalarten werden analysiert im Hinblick auf ihr Substrat, ihre Erscheinungsweisen als objektiviertes, institutionalisiertes und/oder inkorporiertes Kapital, ihre Konvertierbarkeit und dem damit verbundenen Schwundrisiko, d.h. dem Risiko des Wert- bzw. Geltungsverlustes. Vor diesem Hintergrund wird speziell die vierte Kapitalform, das symbolische Kapital, definiert "als wahrgenommene und als legitim anerkannte Form der drei vorgenannten Kapitalien (gemeinhin als Prestige, Renommee, usw. bezeichnet)" (Bourdieu, 1985, S. 11). Das symbolische Kapital ist sozusagen eine Sonderform aller Kapitalarten, die auch erst im Anschluss an die ersten drei behandelt wird.

4.3.1 Ökonomisches Kapital

Was man sich unter dem *ökonomischen Kapital* vorzustellen hat, ist relativ einfach. Gehalt, Besitz, Vermögen und alle weiteren Einkommensquellen stellen eine bewegliche, leicht in Geld konvertierbare Ressource dar, die durch das Eigentumsrecht institutionalisiert ist. Das Schwund- oder Inflationsrisiko besitzt dabei eine ubiquitäre Qualität, da es letztlich kein bleibendes Gleichgewicht zwischen Gütern und Geldwerten gibt. Aber nur in außergewöhnlichen Fällen wie Krieg, Revolutionen oder schweren Wirtschaftskrisen kann von einem gänzlichen Wertverlust des Geldes gesprochen werden.

4.3.2 Kulturelles Kapital

Beim *kulturellen Kapital* unterscheidet Bourdieu drei Erscheinungsformen. *Inkorporiertes* kulturelles Kapital wird im Prozess der familialen und schulischen Sozialisation angeeignet. Es bezeichnet das verinnerlichte, körpergebundene und dispositionell verkörperte Potential eines Individuums, das sich auf der kognitiven Ebene als kulturelle Kompetenz und im ästhetischen Sinne als "Geschmack" zeigt und als Distinktion äußert. "Inkorporiertes Kapital ist ein Besitztum, das zu einem festen Bestandteil der Person, zum Habitus geworden ist; aus 'Haben' ist 'Sein' geworden." (Bourdieu, 1983, S. 187) Deshalb ist inkorporiertes kulturelles Kapital auch nicht delegierbar. Es kostet sehr viel Zeit, Geld und Disziplin, um sich inkorporiertes Kulturkapital anzueignen. Zudem stellt die zum Erwerb erforderliche Zeit ein Bindeglied zwischen ökonomischem und kulturellem Kapital dar.

"Unterschiedliches Kulturkapital in der Familie führt zu Unterschieden beim Zeitpunkt des Beginns des Übertragungs- und Akkumulationsprozesses, sodann zu Unterschieden in der Fähigkeit, den im eigentlichen Sinne kulturellen Anforderungen eines langandauernden Aneignungsprozesses gerecht zu werden." (Bourdieu, 1983, S. 188)

Im Zusammenhang damit steht auch die Tatsache, dass ein Individuum nur in dem Maße Zeit in die Akkumulation von kulturellem Kapital investieren kann, wie es seiner Familie möglich ist, ihn von ökonomischen Zwängen zu befreien. Das Schwundrisiko dieser Zustandsform liegt im Veralten der habituellen Dispositionen und den damit verbundenen Geschmackspräferenzen.

Objektiviertes Kulturkapital ist die Veräußerung inkorporierten Kulturkapitals. Es liegt in Form von erwerbbaren Kulturgütern wie Büchern, Gemälden, Instrumenten, Maschinen etc. vor. Wie bei ökonomischem Kapital ist der Erwerb über den Preis geregelt. Dagegen ist die Eigenschaft, die die eigentliche Aneignung ermöglicht, nämlich die Verfügung über kulturelle Fähigkeiten, die den Genuss eines Musikstücks oder den Gebrauch einer Maschine erst erlauben, keineswegs käuflich. Dies setzt zuvor erfolgte Investitionen in inkorporiertes Kulturkapital voraus. "Kulturelle Güter können somit entweder zum Gegenstand materieller Aneignung werden; dies setzt ökonomisches Kapital voraus. Oder sie können symbolisch angeeignet werden, was inkorporiertes Kulturkapital voraussetzt." (Bourdieu, 1983, S. 188f.) Bourdieu betont außerdem die Eigenlogik objektivierten kulturellen Kapitals. Dieses besteht als materiell und symbolisch aktives Kapital nur soweit fort, wie es von den Akteuren angeeignet und in Auseinandersetzungen als "Waffe" und als Einsatz verwendet wird. Als Orte dieser Auseinandersetzungen nennt Bourdieu das Feld der kulturellen Produktion (die Kunst, die Wissenschaft, etc.) und das Feld der sozialen Klassen.

Als dritte Erscheinungsform des kulturellen Kapitals ist dessen *Institutionalisierung* zu nennen. In modernen Gesellschaften mit autonomer Kulturproduktion und -akkumulation haben eigenständige Bildungsinstitutionen die Reproduktion kulturellen Wissens übernommen. Den Institutionen des Bildungswesen kommen zwei Funktionen zu: erstens eine *technische* Reproduktionsfunktion, soweit sie Qualifikationen vermitteln, und zweitens eine *soziale* Reproduktionsfunktion, soweit sie Titel als rechtliche Kompetenzverbürgung verleihen und dadurch faktisch Anwartschaften auf privilegierte Berufspositionen erzeugen. Gekürt durch die Vergabe eines Titels (z.B. Hochschulabschluss, Doktortitel etc.), verfügt die entsprechende Person über *legitimes* kulturelles Kapital. Dies ist ein Unterschied, der im Vergleich zum Autodidakten einen faktischen Unterschied, z.B. im Zugang zu Berufspositionen und die Frage der Vergütung macht, da der Autodidakt – unabhängig von seiner kulturellen Kompetenz – lediglich über *illegitimes,* nicht institutionell anerkanntes, Kulturkapital verfügt. Die Konvertibilität von institutionalisiertem Kulturkapital in ökonomisches Kapital hängt allerdings auch mit dem Seltenheitswert des entsprechenden Titels zusammen. Die Bildungsexpansion, die einer breiten Mehrheit den Zugang zu höherer Bildung ermöglichte, führte zu einer Titelinflation und in der Konsequenz zu einer Entkoppelung von Titel und Stelle.

"In dem Maße, wie das Bildungssystem seinen Reproduktionsfunktionen extensiv nachkommt, werden Selektions- und Allokationsfunktion außer Kraft gesetzt. Zugleich scheint dem Bildungssystem eine Wachstumslogik innezuwohnen, die seine Autonomie stets erhöht und die Beteiligten zu vermehrten Bildungsanstrengungen zwingt." (Müller, 1986, S. 168)

4.3.3 Soziales Kapital

Unter *sozialem Kapital* versteht Bourdieu "die Gesamtheit der aktuellen und potentiellen Ressourcen, die mit dem Besitz eines dauerhaften Netzes von mehr oder weniger institutionalisierten *Beziehungen* gegenseitigen Kennens oder Anerkennens verbunden sind; oder anders ausgedrückt, es handelt sich dabei um Ressourcen, die auf der *Zugehörigkeit zu einer Gruppe* beruhen." (Bourdieu, 1983, S. 190f.) Als Beispiele für solche Gruppen nennt Bourdieu die Ehemaligen-Gruppen von Elite-Schulen, Clubs, politische Parteien, die Familie, berufsständische Vereinigungen etc. Ausschlaggebend für das Volumen des Sozialkapitals sind dabei zwei Faktoren: erstens der Umfang des Kapitals der Beziehungspartner und zweitens die Ausdehnung des mobilisierungsfähigen Netzes. Die Existenz eines solchen Beziehungsnetzes gründet nach Bourdieu auf einer fortdauernden "Institutionalisierungsarbeit". Die Funktion dieser Institutionalisierungsarbeit liegt in der Schaffung und Erhaltung von dauerhaften und nützlichen Verbindungen, die Zugang zu materiellen und/oder symbolischen Profiten verschaffen. Durch langjährige Beziehungsarbeit "werden Zufallsbeziehungen, z.B. in der Nachbarschaft, bei der Arbeit oder sogar unter Verwandten, in besonders auserwählte und notwendige Beziehungen umgewandelt, die dauerhafte Verpflichtungen nach sich ziehen" (Bourdieu, 1983, S. 192). Sozialkapital wird durch den regelmäßigen Austausch von Worten, Geschenken, Frauen[27] usw. reproduziert. Gegenseitiges Kennen und Anerkennen ist sowohl die Voraussetzung als auch das Ergebnis dieses Austausches. Die Tauschobjekte dienen als Zeichen der gegenseitigen Anerkennung.

"Mit der gegenseitigen Anerkennung und der damit implizierten Anerkennung der Gruppenzugehörigkeit wird so die Gruppe reproduziert; gleichzeitig werden ihre Grenzen bestätigt, d.h. die Grenzen, jenseits derer die für die Gruppe konstitutiven Austauschbeziehungen (Handel, Kommensalität, Heirat) nicht stattfinden können." (Bourdieu, 1983, S. 192)

---

[27] Vgl. Bourdieu, 1983, S. 192. Dies verweist darauf, dass nach Bourdieu auch Frauen als Objekte in die sozialen Austauschprozesse eingehen, sie also zur Akkumulation des sozialen Kapitals eines Mannes oder einer Familie beitragen können. Sie sind daher eine Art von Kapital und nehmen somit nicht (grundsätzlich) selbst als Subjekte am Spiel teil; sie werden zum spezifischen Einsatz.

Dieses Interesse "unter sich zu bleiben" verdeutlicht Bourdieu mit einem Hinweis auf das Homogamie-Prinzip der Heiraten in Gesellschaften. Denn jedes neue Mitglied kann die Definition der Zugangskriterien gefährden, jede nicht standesgemäße Verbindung kann die Gruppe verändern, insofern sie die Grenzen des legitim geltenden Austausches verändert. In modernen Gesellschaften, wo die Familie das Monopol für die Einleitung solcher Beziehungen (weitgehend) verloren hat, kann sie sich gleichwohl auf die selektierende Wirkung von Institutionen verlassen, welche sich der Logik legitimer Beziehungen und dem Ausschluss illegitimer Beziehungen verpflichtet haben.

Sozialkapital kann auf dem Wege der Delegation von einer Gruppe auf Einzelpersonen oder einige wenige konzentriert werden, die dann mit der ihnen verliehenen Macht die Gruppe vertreten, in ihrem Namen sprechen und handeln. Diese Bevollmächtigten üben aufgrund der Konzentration des Gemeinschaftskapitals eine Macht aus, die weit über ihr persönliches Gewicht hinausreicht. Die Delegation kann diffus sein, wie z.B. beim Familienoberhaupt, oder institutionalisiert in Form eines Delegierten z.B. einer Partei, eines Verbandes etc. Bourdieu weist darauf hin, dass dem Delegationsprinzip die paradoxe Eigenschaft innewohnt, dass es dem jeweiligen Mandatsträger gestattet, die ihm von der Gruppe übertragene Macht über die Gruppe selbst, in einem bestimmten Maß sogar gegen sie auszuüben. Das Prinzip der Zweckentfremdung ist in den Mechanismen der Delegation und Repräsentation so immer schon enthalten. Dabei beruht diese Möglichkeit der Zweckentfremdung sozialen Kapitals auf der Tatsache, dass die Gruppe in ihrer Gesamtheit durch eine sichtbare, von allen gekannte und anerkannte Teilgruppe repräsentiert werden kann, "und zwar von den Nobiles, den bekannten Leuten, 'den Berühmten', die im Namen der Gesamtheit sprechen können, die Gesamtheit repräsentieren und in ihrem Namen auch Herrschaft ausüben" (Bourdieu, 1983, S. 194). Als Modellfall für diese Art der Repräsentation führt Bourdieu den Adel an.

Warum interessiert dieses Phänomen im Kontext der vorliegenden Arbeit? Es ist ein erster Hinweis auf das, was Bourdieu unter symbolischer Macht versteht, einer Herrschaftsform, die ganz auf der Logik des Kennens und Anerkennens beruht. Auch der "Personenkult", der um berühmte Persönlichkeiten errichtet wird, wie auch die Identifikation von Parteien, Gewerkschaften oder sozialen Bewegungen mit ihren Repräsentanten, ihren Führern, hat zur Folge, dass der Repräsentant sich an die Stelle der von ihm Repräsentierten setzt. Der Repräsentant bezieht im Wesentlichen seine Macht aus der Sichtbarkeit, aus seinem Bekannt- und Anerkanntsein seiner herausragenden Position durch die Gesamtheit – eben darin besteht symbolische Macht im Sinne Bourdieus. Dabei insistiert Bourdieu darauf, "dass Repräsentation – ebenso wie Abzeichen oder Wappen – selbst die ganze Realität von Gruppen sein und erschaffen können, deren wirksame soziale Existenz allein in und durch die Repräsentation besteht" (Bourdieu, 1983, S. 195).

4.3.4 Symbolisches Kapital

Das Kriterium der Anerkennung, durch welches das Sozialkapital definiert ist, leitet über zu der Kapitalsorte, die Bourdieu als *symbolisches Kapital* bezeichnet, "das heißt jene Form, die die verschiedenen Arten von Kapital dann annehmen, wenn sie als legitime erkannt und anerkannt werden" (Bourdieu, 1992, S. 140). Sozialkapital ist in dieser Logik immer als symbolisches Kapital zu verstehen. Aber auch kulturelles Kapital kann zugleich symbolisches Kapital sein, z.B. in Form eines angesehenen Titels. Darüber hinaus sind sämtliche Formen des Kredits an sozialer Anerkennung dem symbolischen Kapital zuzurechnen. Ein Beispiel dafür ist die Wertschätzung, die sich ökonomisch reiche Akteure oder Institutionen durch "gemeinnützige" Spenden verschaffen können. Auch wenn symbolisches Kapital seiner Konstitutionslogik entsprechend unabhängig von dem objektiv-ökonomischen und kulturellen Kapital ist, tritt es faktisch in den meisten Fällen im Verein mit den anderen Kapitalarten auf, deren Effizienz und Wirksamkeit es zu steigern vermag. Daher haben alle Kapitalarten die Tendenz, sich Legitimität verschaffen zu wollen.

Bei dieser letzten Kapitalart wird auch besonders deutlich, dass es sich um ein genuin soziales Phänomen handelt, das sich nicht allein durch eine Wirtschaftstheorie, die einer Logik materiell-ökonomischer Austauschverhältnisse verpflichtet ist, erfassen lässt. Konstitutiv für symbolisches Kapital sind gesellschaftliche Anerkennungsakte, die bestimmten Akteuren oder Gruppen einen "Kredit" an Ansehen und damit gleichsam ein bestimmtes Prestige einräumen. Eine wichtige Funktion übernimmt symbolisches Kapital im Kontext der alltäglichen Legitimation gesellschaftlicher Herrschaftsverhältnisse, sofern es den herrschenden Gruppen ermöglicht, *ihre* Sichten und Einteilungen der sozialen Welt, oder wie Bourdieu sagt, *ihre* Prinzipien der Vision und Division, als legitime durchzusetzen.

Grundlegend für alle Kapitalarten mit Ausnahme des symbolischen Kapitals sind somit folgende Faktoren: (1) die Erscheinungsformen der Kapitalart in objektivierter, inkorporierter und/oder institutionalisierter Form, (2) ihre Konvertierbarkeit und (3) das Risiko des Geltungsverlustes sowie die Art der Verlustkategorie.

4.4 Die feldinterne Dynamik

In Anlehnung an Frank Janning kann die Aufteilung des sozialen Raumes in Felder als "historisches Produkt sozialer Machtdifferenzierungen" (Janning, 1998, S. 208) betrachtet werden. Dieser Prozesscharakter, welcher der Genese von sozialen Feldern zugrunde liegt, verweist darauf, dass sich die Felder aus sozialhistorischer Perspektive in ständigem Wandel befinden. Die feldinternen Kräfteverhältnisse sind nicht statisch festgeschrieben, sondern stellen immer nur den gegenwärtigen, aber wieder vorübergehenden Stand eines nicht endgültig entschiedenen Wettstreits dar, zumindest solange das 'Spiel' gespielt wird.

Oben wurde bereits angedeutet, dass es in den spezifischen sozialen Feldern durch die relationalen Positionen der Akteure zu Auseinandersetzungen kommen kann, die sich vor allem auf zwei Aspekte beziehen: zum einen auf die Struktur des Feldes, d.h. auf die Verteilung des Kapitals zwischen den verschiedenen Akteuren bzw. Gruppen von Akteuren, und zum anderen auf die Definition der feldspezifischen Regeln und ihrer Legitimität. Deshalb gilt, "dass in jedem dieser Spiel-Räume sowohl die Definition dessen, worum gespielt wird, als auch die Trümpfe, die stechen, immer wieder aufs Spiel gesetzt werden können: Jedes Feld stellt den Schauplatz dar eines mehr oder minder offen deklarierten Kampfes um die Definition der legitimen Gliederungsprinzipien des Feldes" (Bourdieu, 1985, S. 27f.). Aus diesem Grund lassen sich Felder nicht nur als Spiel-, Praxis- und Kraftfelder beschreiben, sondern auch als Kampffelder, auf denen um die Wahrung oder Veränderung der Kräfteverhältnisse gerungen wird. Dabei bilden sich wiederum innerhalb der verschiedenen Kraftfelder um die kapitalstärkeren Akteure und Gruppen Machtzentren. Die Bezeichnung der Felder als Kraft- und Kampffelder verweist übrigens auf den konflikttheoretischen Grundzug in Bourdieus Theoriekonzeption.

Die Akteure, die in den jeweiligen Feldern mitspielen, werden dabei weder durch rationales Kalkül allein noch durch rein deterministische Regelbefolgung geleitet. Die jeweiligen Strategien der Akteure sind nach Bourdieu Produkte des ihnen als Erzeugungsprinzip zugrundeliegenden Habitus, präziser: des ihm innewohnenden praktischen Sinns.

"Die Strategie ist vielmehr das Produkt eines praktischen Sinns als eines 'Spiel-Sinns', eines Sinns für ein historisch bestimmtes, soziales Spiel, der in frühester Kindheit durch Teilnahme an den sozialen Aktivitäten, nicht zuletzt ... an Kinderspielen erworben wird. Der gute Spieler, gewissermaßen das Mensch gewordene Spiel, tut in jedem Augenblick das, was zu tun ist, was das Spiel verlangt und erfordert." (Bourdieu, 1992, S. 83)[28]

Nun gründet eine Konfliktlinie, die für die Dynamik innerhalb der Felder verantwortlich ist, in dem "Kampf zwischen den Herrschenden und den Anwärtern auf die Herrschaft" (Bourdieu, 1993, S. 107). Die etablierten Akteure werden vermittels spezifischer "Erhaltungsstrategien" darum bemüht sein, ihre privilegierten Positionen zu erhalten, während die Akteure, die ihrerseits herrschende Positionen zu erobern trachten und damit die momentan Herrschenden aus ihrer Dominanz verdrängen wollen, sich statt dessen "Strategien der Häresie", der Infragestellung der etablierten Ordnung, zunutze machen wollen.

---

[28] Trotz dieses Zitats spricht Bourdieu in diesem Zusammenhang häufig auch vom "Spiel-Sinn" oder dem "Sinn für das Spiel". Vgl. Bourdieu, 1992, S. 84; 1987, S. 122.

Entscheidend für die Teilnahme am Spiel ist der *Glaube* ans Spiel. Während man sich bei der Teilnahme an sportlichen Spielen zur Einhaltung eines meist expliziten Regelkanons verpflichtet, "entscheidet man sich in sozialen Feldern, die im Ergebnis eines langwierigen und langsamen Verständnisprozesses sozusagen Spiele an sich und nicht länger Spiele für sich sind, nicht bewusst zur Teilnahme, sondern wird in das Spiel geboren, und ist das Verhältnis des Glaubens, der *illusio,* des Einsatzes um so totaler und bedingungsloser, je weniger es als solches erkannt wird." (Bourdieu, 1987, S. 123)

Die Zugehörigkeit zu einem Feld erfolgt vermittels intensiver Habitualisierung. Am Beispiel des Erlernens der Muttersprache im Vergleich zum Erlernen einer Fremdsprache verdeutlicht Bourdieu die Differenz, die sich aus den beiden Feldtypen – in ein Feld hineingeboren werden oder in ein verselbständigtes Feld erst nachträglich eintreten – ergeben. Beim Erlernen einer Fremdsprache handelt es sich um ein Einlassen auf die Regeln, die Grammatik und Übungen, die auch als solche wahrgenommen werden. Die Muttersprache hingegen lernt man durch *Sprechen*, durch eigene Sprechakte und die anderer Personen, und man lernt in dieser Sprache auch zu denken, pflegt gewissermaßen einen "natürlichen" Umgang mit ihr. In Analogie dazu agiert man in den Feldern, in die man quasi hineingeboren wird, ähnlich voraussetzungs- und reibungslos. Dabei ist dieses reibungslose Funktionieren um so eher gewährleistet, je unmerklicher und früher man sich auf das Spiel und die damit zusammenhängenden Lernprozesse einlässt, je weniger man sich aller impliziten Voraussetzungen bewusst ist, die das Spiel produziert und reproduziert. Deshalb ist auch der Glaube an das Spiel entscheidend dafür, ob man zu einem Feld gehört oder nicht.

"Der praktische Glaube ist das Eintrittsgeld, das alle Felder stillschweigend nicht nur fordern, indem sie Spielverderber bestrafen und ausschließen, sondern auch, indem sie praktisch so tun, als könnte durch die Operationen der Auswahl und Ausbildung Neueingetretener (Initiationsriten, Prüfungen usw.) erreicht werden, dass diese den Grundvoraussetzungen des Felds die unbestrittene, unreflektierte, naive, eingeborene Anerkennung zollen, die die *doxa* als Urglauben definiert." (Bourdieu, 1987, S. 124f.)

Diese knappe Einleitung in die feldinterne Dynamik und die Spielvoraussetzungen ist dem Versuch geschuldet, im Fortgang der Arbeit zu verdeutlichen, wie der geschlechtlich geprägte Habitus von Frauen und Männern mit sozial unterschiedlichen Voraussetzungen auf dem technischen Feld aufeinander treffen und es auch jenseits bewussten Wollens und Handelns der Beteiligten zum Ausschluss der Frauen bzw. einer begrenzten Integration kommt. Deshalb wendet sich diese Arbeit im nächsten Kapitel auch der Frage zu, wie sich das Geschlechterverhältnis aus der Perspektive des Habitus-Konzeptes verstehen lässt.

5. Das Geschlechterverhältnis aus der Perspektive des Habitus-Konzeptes

Wenn vom Geschlechterverhältnis die Rede ist, dann verweist dieser Begriff u.a. darauf, dass es sich um ein relationales Gefüge handelt, in dem die Geschlechter wechselseitig aufeinander bezogen sind. Weiter bedeutet der Begriff, dass es sich um eine definierte, historisch entstandene Sache handelt, und dies schließt außerdem ein, dass eine Konstruktion vorliegt, die prinzipiell, wenngleich nicht ohne Widerstände, wandelbar und offen ist für Veränderungen und Neuinterpretationen.

Nun ist das Besondere am Geschlechterverhältnis, dass es sich angesichts der Bemühungen von Seiten der Frauenbewegung, den Intellektuellen und ähnlichen Gruppierungen, die sich für die Gleichberechtigung der Frauen in unserer Gesellschaft und weltweit aussprechen und einsetzen, bisher erstaunlich resistent erwies. So kommen Analysen über die Situation von Frauen immer wieder zu dem Schluss, dass Frauen allen Anstrengungen zum Trotz weltweit gegenüber Männern benachteiligt sind. Die Benachteiligungen sind zwar länder- und klassenspezifisch unterschiedlich; nichtsdestotrotz sind durchweg Frauen benachteiligt, wenn es "um Macht und Geld geht" (vgl. Bauer, 2000). Im Verhältnis zu den Männern finden sie sich in den unteren Positionen der Berufshierarchien wieder, und ihr sozialer Status ist im Vergleich zu Männern zumeist randständig und prekär.[29] Dies wird auch deutlich an den Diskussionen in der Ungleichheitsforschung hinsichtlich der Frage, ob und wie die Kategorie "Geschlecht" angemessen berücksichtigt werden kann.[30] Angesichts dieser Diskrepanz zwischen dem langjährigen Widerstand gegen das Patriarchat und dessen Fortbestand

---

[29] Das äußert sich z.B. auch darin, dass Frauen, obwohl sie die Hälfte der Bevölkerung stellen, als besondere Gruppe behandelt werden, worauf auch der folgende Satz in Stellenausschreibungen hinweist: "Bei gleicher Qualifikation werden Frauen bevorzugt." Es gibt unzählige weitere Beispiele für die Beobachtung, dass Frauen als eine besondere, oft auch eine zu "schützende" Randgruppe konstituiert werden.
[30] Da es den Rahmen dieser Arbeit sprengen würde, auf die in der Ungleichheitsforschung geführten Debatten zum Thema "Klasse und Geschlecht" einzugehen, verweise ich auf Kreckel, 1992, und Frerichs/Steinrücke, 1993.

stellt sich nun die Frage, warum dies so ist und wie man diese Diskrepanz erklären kann.

Nun lässt sich mit Bourdieu nicht nur plausibel machen, dass das Geschlechterverhältnis ein Herrschaftsverhältnis ist, sondern auch, dass es sich dabei um eine gesellschaftliche Konstruktion handelt, die für beide Geschlechter gilt. Dabei weist auch diese Konstruktion die Paradoxie auf, dass beide Geschlechter ihren eigenen Habitus und ihr Verhältnis zueinander nicht als Konstruktion, sondern als "Natur" wahrnehmen. Denn die Verinnerlichung der Geschlechterordnung im Habitus der Akteure tendiert zur Persistenz dieser Konstruktion in ihrer Produktion, Transformation und Reproduktion als einer Herrschaftsbeziehung. Schließlich ermöglicht Bourdieu durch seine Feldtheorie, die Besonderheiten des Geschlechterverhältnisses im technischen Feld zu beleuchten.

5.1 Die männliche Herrschaft (Bourdieu)

Bourdieu selbst hat sich erstmals in seinem Aufsatz über die männliche Herrschaft (1997) ausführlicher zum Verhältnis von Geschlechterdifferenz, ihrer Konstruktion und ihren Reproduktionsbedingungen geäußert. Im Folgenden werde ich seine Vorgehensweise und die wichtigsten Thesen herausarbeiten, wobei ich auch auf konzeptionelle Schwächen eingehen werde. Die dadurch auftretenden Probleme für die Anwendung seines Ansatzes auf das Thema meiner Arbeit werde ich mit Hilfe anderer Autoren überbrücken und die Erkenntnisse ihrer Forschung mit den Thesen Bourdieus verbinden. Gleich zu Beginn seines Aufsatzes macht Bourdieu auf eine Gefahr aufmerksam:

> "Da er [der Analytiker, d.V.] es mit einer Institution [der Geschlechterdifferenz, d.V.] zu tun hat, die seit Jahrtausenden in die Objektivität der sozialen Strukturen und in die Subjektivität der mentalen Strukturen eingeschrieben ist, neigt er vor allem dazu, Wahrnehmungs- und Denkkategorien als Erkenntnismittel zu verwenden, die er als Erkenntnisgegenstände zu behandeln hätte." (Bourdieu, 1997, S. 153)

Um diesem Problem zirkulären Denkens entgegenzuwirken, wendet er einen methodologischen Kunstgriff an. Er stützt seine Analyse über die männliche Herrschaft auf die Untersuchung der Strukturen der kollektiven Mythologie der Kabylen, eines nordafrikanischen Berbervolkes. In der traditionellen Gesellschaft der Kabylen sind alle Praktiken auf die Reproduktion einer sozialen und kosmischen Ordnung gerichtet, die auf einer "ultrakonsequenten Affirmation des Primats der Männlichkeit fußt" und dieser Umstand bietet nach Bourdieu "ein vergrößertes und systematisches Bild der 'phallisch-narzistischen' Kosmologie, die auch unser Unbewusstes beherrscht" (Bourdieu, 1997, S. 156). Bourdieu wendet somit einen Verfremdungseffekt an: Er richtet den Blick gleichsam von "außen" auf eine soziale Konstruktion, die er auch in der eigenen Kultur erkennt, deren Funktionalität er aber an einer fremden Kultur vorführt.[31] Mit anderen Worten: Das Geschlechterverhältnis lässt sich als eine soziale Konstruktion und ein Verhältnis begreifen, bei dem es ganz wesentlich um die symbolische Ordnung der Welt geht, die durch die soziale Praxis vermittelt und aufrechterhalten wird. Die herrschende Sichtweise der Geschlechterdifferenz vermittelt sich in kulturellen Repräsentationen wie Redensarten, Sprichwörtern, Erzählungen, Liedern etc. Ferner schlägt sie sich in der räumlichen Aufteilung des Hauses, im Gegensatz zwischen Binnen- und Außenraum und den Einteilungen der Zeit nieder. Außerdem findet sie Ausdruck in Gegenständen und Praktiken und ganz besonders in den Körpertechniken, d.h. in Haltungen, im Auftreten und in Verhaltensweisen.

Diese ganzen Einteilungen werden als völlig selbstverständlich und normal erlebt, weil sie in der sozialen Welt objektiviert und im Habitus inkorporiert sind, wo sie als universelles Prinzip der Vision und Division, d.h. als ein System von Wahrnehmungs-, Denk- und Handlungsschemata wirken. Hier ist durch die Übereinstimmung der äußeren Gegebenheiten mit den inneren Erwartungen jene Beziehung begründet, die der Phänomenologe Edmund Husserl als "doxische" Erfahrung beschrieben hat. Die doxische Erfahrung der sozialen Welt schließt eine Infragestellung der kulturellen Lebensbedingungen aus, folglich werden die soziale Welt und ihre willkürlichen Einteilungen, in diesem Fall die sozial kon-

---

[31] Bourdieu selbst rechnet die Kabylei den mediterranen Gesellschaften zu. Ferner geht er von einer Zugehörigkeit der traditionellen europäischen Kultur zum mediterranen Kulturraum aus. Allerdings schreibt er: "Aber direkten und offenen Ausdruck findet dieses kulturelle Unbewusste, das noch immer das unsere ist, in der Bildungstradition des Okzidents niemals." (Bourdieu, 1997, S. 157) Bleibt das Problem, was er unter der "traditionellen europäischen Kultur" versteht.

struierte Geschlechterdifferenz, als natürlich, evident und unabwendbar aufgefasst. Dadurch nun, dass die männliche Herrschaft faktisch ein nahezu weltumspannendes Phänomen darstellt, ist ihre Dekonstruktion oder Relativierung, die sie durch Konfrontation mit anderen Lebensformen erfahren könnte, quasi ausgeschlossen. Weil diese Relativierung kaum gegeben ist, kommt es nach Bourdieu zu folgendem Effekt:

> "Der Mann *(vir)* ist ein besonderes Wesen, das sich als allgemeines Wesen *(homo)* erlebt, das faktisch und rechtlich das Monopol auf das Menschliche, d.h. das Allgemeine hat; das gesellschaftlich autorisiert ist, sich als Träger des menschlichen Daseins schlechthin zu fühlen. Um dies zu verifizieren, genügt es, sich zu vergewissern, was in der Kabylei (und anderswo) die vollendete Form des Menschseins ist. Der Mensch von Ehre ist per definitionem ein Mann im Sinne des *vir*. Alle Tugenden, die ihn kennzeichnen und die in unauflöslicher Verknüpfung zugleich Vermögen, Gaben, Fähigkeiten, Pflichten oder Befugnisse sind, sind genuin männliche Attribute (die *virtus* ist die Quiddität des *vir*)." (Bourdieu, 1997, S. 160)

Getragen wird diese Bestimmung des Männlichen als Allgemeines durch ein mythisch-rituelles System der Praktiken, die es selbst bestimmt und legitimiert und deren Funktion wiederum darin besteht, das System zu legitimieren.

> "Denn es steckt ebenso in den Einteilungen der sozialen Welt oder genauer, in den zwischen den Geschlechtern instituierten sozialen Herrschafts- und Ausbeutungsverhältnissen wie, in Form von Prinzipien der Vision und Division, in den Köpfen; was zur Folge hat, dass alle Gegenstände der Welt und alle Praktiken nach Unterscheidungen klassifiziert werden, die auf den Gegensatz von männlich und weiblich zurückgeführt werden können." (Bourdieu, 1997, S. 160f.)

Das bedeutet, dass Dinge und Tätigkeiten nach dem Gegensatz von männlich und weiblich konstruiert und in ein System homologer Gegensätze eingereiht werden. Bourdieu verwendet und erläutert in seinem Aufsatz die in der Kabylei bedeutsamen Einteilungen, um an ihnen die Hierarchie im Geschlechterverhältnis sichtbar zu machen.

An diesem Punkt tritt jedoch das erste Problem auf. Denn Bourdieu bezieht sich nicht nur auf ein Klassifikationsschema, das außereuropäischen Ursprungs ist; darüber hinaus ist es auch einer traditionellen Gesellschaft entlehnt, welche eine ganze Reihe gesellschaftlicher Transformationen, die moderne Gesellschaften auszeichnen, (noch) nicht aufweist, die aber für den in dieser Arbeit behandelten Gegenstand zentral sind. Daher erscheint es wenig ratsam, sich im Detail auf die Einteilungsschematik Bourdieus einzulassen, weil sie in einem völlig anderen kulturellen Kontext steht. Somit ist die Vergleichbarkeit für den kulturellen Kontext dieser Arbeit, die moderne Gesellschaft des 21. Jahrhunderts, nicht unmittelbar gegeben. Allein schon mit Blick auf den Modus des Herrschaftsverhältnisses besteht ein grundlegender Unterschied: Während in traditionellen Gesellschaften die Herrschaftsbeziehung persönlich vermittelt, in der unmittelbarer Interaktion hergestellt und durch sie gesichert wird, gewährleisten in den ausdifferenzierten Gesellschaften Institutionen die Reproduktion sozialer Machtverhältnisse.

Ein zweites Problem besteht darin, dass Bourdieu die Behauptung aufstellt, nicht nur das *soziale* Geschlecht, sondern auch das *biologische* Geschlecht seien gesellschaftliche Konstruktionen, er den Nachweis dafür aber schuldig bleibt. Daher möchte ich zunächst zwei andere theoretische Ansätze vorstellen, mit denen diese konzeptionellen Schwächen überwunden werden können, um danach zu Bourdieu zurückzukehren.

5.2 *Die Polarisierung der Geschlechtscharaktere (Hausen)*

Für die modernen Gesellschaften gilt ein im Bürgertum entstandenes System von Zuordnungskategorien, dass auf der Grundlage des biologischen Geschlechtsunterschieds Charaktereigenschaften zuweist, die die "natürliche Bestimmung" und somit auch die Befähigung zu bestimmten Arbeitsbereichen definiert. Dabei zeigt sich, dass der "Polarisierung der Geschlechtscharaktere"(Hausen, 1976) als einer europäischen Institution sowohl erkenntnistheoretische als auch politische und sozioökonomische Wandlungsprozesse zugrunde liegen. Wichtig ist vor allem, dass sich in diesem "bürgerlichen" Klassifikationsschemata die gesellschaftlich konstituierte, geschlechtliche und die geschlechtsspezifische Arbeitsteilung spiegelt. Das Bezugssystem für diese "modernen" Prinzipien der Sichten und Einteilungen für das Geschlechterverhältnis hat Karin Hausen herausgearbeitet.

Hausen leistet anhand der Analyse von enzyklopädischen, medizinischen, pädagogischen, psychologischen und literarischen Texten den Nachweis, dass es im letzten Drittel des 18. Jahrhunderts zu einem Wechsel des für die Aussagen über den Mann und die Frau gewählten Bezugssystems kam. Während in früheren Texten Aussagen über die Frau gemäß ihres sozialen Standes und der damit verbundenen Rechte und Pflichten getroffen wurden, treten im ausgehenden 18. Jahrhundert Charakteraussagen über *den Mann* und *die Frau* an die Stelle der Standesdefinitionen. Nach Hausen wurde die Herausarbeitung und Abgrenzung der Geschlechtsspezifika bis in das 20. Jahrhundert hinein intensiv betrieben. "Der Geschlechtscharakter wird als eine Kombination von Biologie und Bestimmung aus der Natur abgeleitet und zugleich als Wesensmerkmal in das Innere der Menschen verlegt."(Hausen, 1976, S. 369)

Die "Entdeckung" zweier inkommensurabler Geschlechter steht im Kontext mit den Bestrebungen des Bürgertums, seine gesellschaftliche Macht zu stabilisieren und konsolidieren. So ist es auch das Bürgertum, bei dem sich die Vorstellungen von der natürlichen Differenz der Geschlechter als erstes in entsprechenden Körperpraxen niederschlagen. Doch werden diese Sichten und Einteilungen, die der Geschlechterdifferenz zugrunde liegen, um mit Bourdieu zu reden, so erfolgreich popularisiert, dass immer größere Kreise der Bevölkerung sie als Maßstab für das jeweils für Männer und Frauen Angemessene übernehmen und internalisieren. Sie bilden die Grundlage für den hegemonialen Diskurs über das Geschlecht, welcher bis in die Gegenwart unseren Habitus prägt. Daher werde ich an dieser Stelle das Klassifikationsschema, wie es Hausen zusammengestellt hat, kurz vorstellen (siehe Tabelle 2):

Hausen stellt die "Polarisierung der Geschlechtscharaktere" in einen Zusammenhang mit den Veränderungen der Produktionsweisen im Übergang vom Feudalismus zum Bürgertum und richtet den Blick auf die neu zu verfassende Gesellschaftsordnung. Die tiefgreifenden Veränderungen der Produktionsweisen haben durch fortschreitende Industrialisierung die Auflösung der Wirtschaftsform des "ganzen Hauses" zur Folge und markieren den Übergang zur Lohnarbeit, welcher für breite Bevölkerungsschichten eine Entflechtung der Familien- und Erwerbssphäre mit sich bringt. Hausen führt weiter aus, dass durch den Humanismus und die Reformation zugleich ein immer lebhafter werdendes Interesse für das Individuum und seine Autonomie erwacht war. Der autonome Mensch in der Naturrechtsdiskussion war zunächst selbstverständlich der Mann.

"Dieses änderte sich erst, als das gegen die theologische Legitimation staatlicher Herrschaft ins Feld geführte Modell des Gesellschaftsvertrages auch auf das System der Hausherrschaft angewandt wurde, was bei der traditionellen 'Strukturanalogie von Staat und Familie' durchaus nahe lag. Vertragsrechtliche Prinzipien auf die Familie anzuwenden, aber bedeutete nicht mehr wie in der katholischen und protestantischen Tradition allein die Eheschließung, sondern die Ehe insgesamt als Vertrag zu konzipieren. Eine solche Deutung stellt das bisherige institutionelle Gefüge der Familie als hausväterliches Regiment und damit vor allem die Herrschaft des Ehemannes und Vaters, aber auch das Sexualmonopol in der Ehe und die prinzipielle Unauflösbarkeit der Ehe unter Legitimationszwang." (Hausen, 1976, S. 371)

Tabelle 2: Klassifikationsschema der Geschlechtereigenschaften nach Hausen

Mann	Frau
Bestimmung für	
Außen	Innen
Weite	Nähe
Öffentliches Leben	Häusliches Leben
Aktivität	*Passivität*
Energie, Kraft, Willensstärke	Schwäche, Ergebung, Hingebung
Festigkeit	Wankelmut
Tapferkeit, Kühnheit	Bescheidenheit
Tun	*Sein*
selbständig	abhängig
strebend, zielgerichtet, wirksam	betriebsam, emsig
erwerbend	bewahrend
gebend	empfangend
Durchsetzungsvermögen	Selbstverleugnung, Anpassung
Gewalt	Liebe, Güte
Antagonismus	Sympathie
Rationalität	*Emotionalität*
Geist	Gefühl, Gemüt
Vernunft	Empfindung
Denken	Rezeptivität
Wissen	Religiosität
Abstrahieren, Urteilen	Verstehen
Tugend	*Tugenden*
	Schamhaftigkeit, Keuschheit
	Schicklichkeit
	Liebenswürdigkeit
	Taktgefühl
	Verschönerungsgabe
Würde	Anmut, Schönheit

Quelle: Hausen, 1976, S. 368

In der französischen Revolution wird die "Geschlechterfrage" zu einem wichtigen "Schlachtfeld". Die Forderung nach der Emanzipation der Frauen und der gleichberechtigten Integration in die bürgerliche Gesellschaft brachten auch "eine neue Art des Antifeminismus, eine neue Angst vor Frauen und neue politische Grenzen, welche die entsprechenden sexuellen Grenzen erwachsen ließen" (Laqueur, 1996, S. 221).

Es zeigt sich, dass in diesem Prozess eines vielschichtigen, komplexen gesellschaftlichen Wandels u.a. auch die Jahrtausende alte Ordnung zwischen den Geschlechtern erschüttert wurde und neue Muster der Handlungsorientierung gefunden werden mussten. Hausen insistiert darauf, dass das Interesse an zwei inkommensurablen Geschlechtscharakteren im Zusammenhang mit der Suche nach einem neuen Legitimations- und Orientierungsmuster stand: "Es ging darum, im Falle der Frauen die postulierte Entfaltung der vernünftigen Persönlichkeit auszusöhnen mit den für wünschenswert erachteten Ehe- und Familienverhältnissen." (Hausen, 1976, S. 372) Seitdem werden die Geschlechter von ihrem natürlichen Wesen als grundverschieden konstituiert und die Herrschaft des Mannes braucht auch nicht mehr gerechtfertigt zu werden; "vielmehr wird bei häufig ausdrücklicher Zurückweisung der Herrschaftsqualität mit den um die Merkmalsgruppen Aktivität/Rationalität für den Mann und Passivität/Emotionalität für die Frau gruppierten Eigenschaften der Mann eindeutig und explizit für die Welt und die Frau für das häusliche Leben qualifiziert" (Hausen, 1976, S. 377).

Obgleich die soziale Konstruktion der "Geschlechtscharaktere" auf den ersten Blick den Anschein von gleichrangiger Komplementarität erweckt – was nichtsdestotrotz die Festschreibung von Eigenschaften und Fähigkeiten aufgrund eines biologischen Unterschiedes bedeutet –, erweist sich diese Konstruktion mit Blick auf die Verteilung von Lebenschancen als ein hierarchisches Verhältnis. So wird der Aktionsraum der Frau auf das Haus beschränkt; und da die Frau auf das Einkommen des Mannes angewiesen ist, ist zudem ein klares Abhängigkeitsverhältnis instituiert, womit die historisch unterlegene Position der Frau auch weiterhin sichergestellt ist. Bildung für Frauen wird nur soweit für sinnvoll erachtet, sofern sie die "wesensmäßigen" Fähigkeiten herauszubilden vermag. Ob einem Mädchen überhaupt Bildung zuteil wird, liegt dann im Ermessen der Familie. Eine staatlich institutionalisierte höhere Schulbildung für Mädchen wird erst Ende des 19. Jahrhunderts eingeführt, während eine berufliche Bildung für Mädchen nicht für nötig befunden wird. Frauen, die aufgrund ökonomischer Zwänge arbeiten müssen, tun dies in Bereichen, die für männliche Arbeitskräfte nicht lukrativ sind; und im Falle einer bürgerlichen Herkunft arbeiten Frauen allenfalls in den als wesensmäßig passend erachteten pflegerischen oder erzieherischen Berufen.

In der sozialen Praxis korrespondierte die Polarisierung der Geschlechter zunächst nur mit dem gebildeten Bürgertum. Dagegen muss im Kleingewerbe, in den bäuerlichen Familien und für die Lohnarbeiter davon ausgegangen werden, dass die Frauen und Töchter mit zum Erwerb beitragen mussten und diese Tatsache der Rezeption der Aussagen über "Geschlechtscharaktere" entgegengestanden haben mag. Allerdings weist Hausen darauf hin, dass es im 19. Jahrhundert nicht an Versuchen gefehlt hat,

"auch bei den Arbeitern den 'richtigen' Familiensinn zu pflegen und vor allem die Frauen des 'niedrigen' Volkes auf ihre 'Bestimmung als Gattin, Hausfrau und Mutter' durch entsprechende psychologische und praktische Ausbildung vorzubereiten. Da in der Restabilisierung der Familienverhältnisse ein sicherer Weg zur Lösung der 'sozialen Frage' angesehen wurde, ist anzunehmen, dass man besonders intensiv versuchte, die Lehre von den 'Geschlechtscharakteren' als Kernelement der Vorstellungen vom wahren Familienleben bei den Arbeitern zu popularisieren" (Hausen, 1976, S. 383).

Zum Schluss dieses notwendigerweise begrenzten, auf einige wenige Aspekte konzentrierten sozialgeschichtlichen Exkurses sei auf die folgenreiche, von den "Geschlechtscharakteren" ausgehende unterschiedliche Bewertung der innerhalb und außerhalb der Familie geltenden Arbeitsformen hingewiesen. So wird Hausarbeit, die fast ausschließlich von Frauen ausgeführt wird, im Vergleich zu der nach Arbeitszeit und Arbeitsentgelt gemessenen Arbeit als unökonomisch bewertet und daher zu einer Beschäftigung abgewertet, die ihren Charakter als Arbeit zunehmend einbüßt. In der Ideologie der Geschlechtscharaktere wird eine kontingente Form der Aufteilung gesellschaftlich notwendiger Arbeit zu einer spezifischen, die mit dem Naturargument qua Geburt auf den Leib eingeschrieben ist und den Geschlechtern jeweils den einen oder den anderen Arbeitsbereich zuweist, sie also für unterschiedliche Zuständigkeiten qualifiziert. Wie Bourdieu, so betont auch Hausen, "dass diese prinzipielle Zuständigkeit jeglicher individuellen Entscheidung enthoben und dementsprechend unter Vermeidung von Reibungsverlust 'natürlich' tradierbar ist. Das Funktionieren dieser Form geschlechtsspezifischer Arbeitsteilung wird durch familiale Sozialisation sichergestellt und evtl. sogar perfektioniert." (Hausen, 1976, S. 391)

Auch in modernen Gesellschaften besteht demnach ein gesellschaftlich instituiertes hierarchisches Verhältnis zwischen den Geschlechtern, dass die Funktion hat, hegemoniale bürgerliche Männlichkeiten abzusichern.[32] Aus dem oben dargestellten Klassifikationsschema leitet sich u.a. die geschlechtsspezifische Arbeitsteilung ab, die der Frau die Zuständigkeit für die gesellschaftlich notwendige reproduktive Arbeit zuweist, ohne selbige als Arbeit anzuerkennen; darüber hinaus wird die Frau tendenziell aus der öffentlichen Sphäre und damit aus den "Feldern der Macht" ausgeschlossen. Dies geschieht auch im 21. Jahrhundert nicht zuletzt mit dem Hinweis darauf, dass aufgrund familienbedingter Aufgaben eben nicht genügend Frauen zur Verfügung stehen, um alle ihnen zustehenden Führungspositionen in Politik, Wissenschaft und Wirtschaft einzunehmen.

Hausen stellt in ihrer Arbeit die Konstruktion dessen in den Mittelpunkt, was man in der Frauen- und Geschlechterforschung unter *gender* versteht, das soziale Geschlecht. Das bedeutet, dass das körperliche Geschlecht, *sex*, als vorgängig angenommen wird. Das jedoch auch der (Geschlechts-)Körper offen ist für unterschiedliche gesellschaftliche Deutungen, wird im nächsten Abschnitt mit Hilfe von Thomas Laqueur deutlich.

---

[32] Maihofer (1995) weist darauf hin, dass "die Formierung der neuen Kultur als 'Männerkultur' nicht allein patriarchalisch gegen Frauen gerichtet [ist, d.V.], wie es meist verkürzt gesehen wird ... Sie stellt zudem eine Selbstaffirmierung und Selbststilisierung des bürgerlichen Mannes gegenüber dem männlichen Adel sowie den Bauern und Proletariern dar. Das heißt, sie richtet sich zugleich auch hegemonial gegen die Männer anderer gesellschaftlicher Klassen und Schichten." (S. 24)

5.3 Vom Ein-Geschlecht-Modell zum Zwei-Geschlechter-Modell (Laqueur)

Thomas Laqueur (1996) widmet sich in seiner Arbeit den historischen Veränderungen in der Wahrnehmung des Körpers, insbesondere des geschlechtlichen Körpers. Grundlage seiner Forschung bilden medizinisch-philosophische Texte, anatomische Bücher und Zeichnungen von der Antike bis Freud. Ihm zufolge ist die jeweilige historische Konzeption des biologischen Geschlechts immer schon mit dem jeweiligen Diskurs über das soziale Geschlecht verbunden:

> "Es geht mir nicht darum, die Wirklichkeit des Sexus oder des geschlechtlichen Dimorphismus als eines evolutionären Prozesses zu leugnen. Vielmehr will ich anhand historischer Zeugnisse zeigen, dass so ziemlich alles, was man über das Geschlecht des Leibes (sex) aussagen möchte – man mag unter Geschlecht verstehen, was man will, immer schon wird damit etwas ausgesagt über das Geschlecht im soziokulturellen Raum (gender). Sowohl in der Welt, die das leibliche Geschlecht als Einziges versteht, als auch in der, die von zwei Geschlechtern ausgeht, ist Geschlecht eine Sache der Umstände; erklärbar wird es erst im Kontext der Auseinandersetzungen über Geschlechtsrollen (gender) und Macht." (Laqueur, 1996, S. 24)

Nach Laqueur hat man bis zum späten 18. Jahrhundert angenommen, dass Frauen über dieselben Genitalien verfügen wie Männer, mit dem einzigen Unterschied, dass sie bei ihnen innerhalb des Körpers verbleiben. Galen (129–210 A.D.), einer der einflussreichsten Ärzte des Altertums, vertrat beispielsweise die Auffassung, dass Frauen im Grunde Männer seien, es jedoch aufgrund eines Mangels an vitaler Hitze (an Perfektion) dazu komme, dass die Geschlechtsorgane der Frauen im Körper verbleiben und nicht wie beim Mann äußerlich sichtbar würden.[33] Man nahm ferner an, dass Männer wie Frauen dieselben Körpersäfte produzieren würden, die eine Umwandlung von aufgenommener Nahrung darstellten. Auch konnten die verschiedenen Körpersäfte – Blut, Milch und Samen – ineinander übergehen. Dem männlichen Samen kamen hinsichtlich seiner ihm innewohnenden "geistigen Potenz" in der Hierarchie der Körpersäfte eine herausragende Stellung zu. Man glaubte, der männliche Same sei

---

[33] In diesem Geschlechterkonzept stellte man sich die Vagina als innerer Penis, die Schamlippen als Vorhaut, den Uterus als Hodensack und die Eierstöcke als Hoden vor. Bezeichnend für diese Sicht ist auch, dass es für den Eierstock über zwei Jahrtausende hin nicht einmal einen eigenen Begriff gab. Vgl. Laqueur, 1996, S. 17.

kraftvoller als der weibliche und er allein könne die Materie der Empfängnis beseelen (vgl. Laqueur, 1996, S. 71).

Auch im Ein-Geschlecht-Modell des Mittelalters waren also der Mann und der männliche Körper Synonyme für das Vollkommene; der Mann war das Maß aller Dinge, währenddessen der weibliche Körper im Vergleich dazu nur die schwächere, kältere und feuchtere Ausführung darstellte; ansonsten gab es die Frau als eine ontologisch distinkte Kategorie aber nicht. Dies wird auch daran deutlich, dass es durchaus für möglich gehalten wurde, dass Frauen zu Männern werden konnten, indem sich aufgrund eines Hitzeschubs der innen gelegene Penis der Frauen nach außen stülpte. Auch bestanden Bedenken, dass durch das Tragen der Kleidung des anderen Geschlechts oder durch die Übernahme von dessen Verhalten ein Geschlechtswandel stattfinden könne (vgl. Laqueur, 1996, S. 147f.). Blutabsonderungen wie Nasenbluten wurden bei Männern "nicht als simple Fälle von Bluten gedeutet, sondern als männliche Ersatzmenses innerhalb einer nur kontingent geschlechtsdifferenten Ökonomie der Säfte" (Laqueur, 1996, S. 126).

Diese Aussagen veranschaulichen, dass der Geschlechtskörper im Ein-Geschlecht-Modell nicht so eindeutig, klar und endgültig definierbar war; auch spielten die biologisch-anatomischen Unterschiede noch nicht *die* bedeutsame Rolle, wie das heute der Fall ist. Die Verschiedenheit der Geschlechter war vielmehr eine Sache gradueller Abstufungen.

Wie zuvor Hausen, konstatiert auch Laqueur, dass es im Verlauf des 18. Jahrhunderts zu einem grundlegenden gesellschaftlichen Wandel in der Sichtweise des Geschlechtskörpers wie des Geschlechts kam. Dabei betont er auch die Vielschichtigkeit und Komplexität dieses Umdeutungsprozesses, den er in einen Kontext mit politischen, sozialen und epistemologischen Entwicklungen dieser Zeit stellt. Es zeigt sich, dass drängende politische Bedürfnisse zur Schaffung zweier biologisch distinkter Geschlechter führten. Laqueur zufolge wurde das Zwei-Geschlechter-Modell der Moderne im Zuge endloser Mikrokonfrontationen über die Machtfrage im öffentlichen und im privaten Bereich hergestellt:

"Zu diesen Konfrontationen kam es innerhalb der gewaltigen Räume, die durch die geistigen, ökonomischen und politischen Revolutionen des 18. und 19. Jahrhunderts eröffnet worden sind. Man focht sie in Begriffen von geschlechtsdeterminierenden Kennzeichen männlicher und weiblicher Körper aus, weil die Wahrheiten der Biologie die von Gott gestifteter Hierarchien oder die seit unvordenklichen Zeiten gültigen Sitten und Gebräuche als Grundlage für die Schaffung und Verteilung der Macht in den Beziehungen zwischen Männern und Frauen verdrängt hatte." (Laqueur, 1996, S. 220)

Allerdings betont Laqueur, dass die "Wahrheiten der Biologie" den Unterschied zwischen den Geschlechtern *erschufen* und keineswegs einfach erforschten. Er hebt auch die politisch-hegemonialen Aspekte dieses Konstruktionsprozesses hervor und stellt sie in einen Zusammenhang mit der Erklärung der allgemeinen Menschen- und Bürgerrechte. Die universalistischen Forderungen der Aufklärung nach Freiheit und Gleichheit schlossen die Frauen per se nicht aus. Denn da das aufgeklärte Subjekt als ein quasi körperloses verstanden wird – bezieht es sich doch auf eine geistige Qualität, nämlich die Vernunft –, ergab sich für die Durchsetzung der geschlechtsspezifischen Arbeitsteilung, wie sie für die bürgerliche Gesellschaft typisch ist, und des damit verbundenen Ausschlusses der Frauen aus der öffentlichen Sphäre eine durch und durch neuartige Begründungslast:

"Wie auch immer das Argument im Detail verläuft, das Endergebnis ist, dass Frauen aus in der 'Natur' liegenden Gründen in der neuen Zivilgesellschaft abwesend sind. Diesen Theoretikern bot eine Biologie sexueller Inkommensurabilität eine Möglichkeit, ohne Rückgriff auf die natürlichen Hierarchien des Ein-Geschlecht-Modells zu erklären, wie bereits im Naturzustand und vor dem Bestehen gesellschaftlicher Beziehungen Frauen den Männern untergeordnet waren. Folglich konnte der Gesellschaftsvertrag dann auch nur zwischen Männern geschlossen werden, als ein exklusiv brüderlicher Bund. Ironischerweise schuf das sozialgeschlechtlich unspezifische rationale Subjekt einander entgegengesetzte, stark mit Sozialem aufgeladene Geschlechter." (Laqueur, 1996, S. 224)

Die neuen Sichtweisen des Geschlechtskörpers (sex) sind des Weiteren mit der Behauptung verbunden, dass der anatomisch-biologischen Verschiedenheit von Frauen und Männern zugleich eine fundamentale Verschiedenheit der (sozialen) Geschlechter (gender) in den Eigenschaften und Fähigkeiten, den gesellschaftlichen Aufgaben, Rechten und Pflichten zugrunde liegt. Auch für Laqueur liegt die entscheidende Konsequenz des modernen Geschlechterverständnisses darin, dass die bürgerlich-patriarchale Geschlechterordnung und die mit ihr verbundene geschlechtsspezifische Arbeitsteilung mit Hinweis auf die biologische Verschiedenheit der Geschlechter begründet werden. Allerdings begreift er den Geschlechtskörper in seinen Rekonstruktionen selbst als Effekt historisch bestimmter Wahrnehmungsweisen, die sich in den Körper einschreiben, ihn prägen und formen.

5.4 Das Geschlechterverhältnis als Herrschaftsverhältnis

Nachdem ich die Konstruktion des Geschlechtskörpers wie der Geschlechter (gender) für die modernen Gesellschaften in kurzer, aber nachvollziehbarer Weise dargelegt habe, kehre ich jetzt zu Bourdieus Konzeption zurück.

Sowohl Bourdieu als auch Hausen und Laqueur verdeutlichen, dass das Geschlechterverhältnis eine gesellschaftliche Konstruktion ist, bei der es wesentlich um Hierarchie, Macht und Ordnung geht. Nun insistiert Bourdieu darauf, dass die im Zentrum der sozialen Ordnung verankerten Zuschreibungen – die genaugenommen als Vor-Urteile wirken – eine ihnen eigene Dynamik entwickeln, die sich dahingehend auswirkt, dass sie die Beherrschten dazu bringt, die ihnen zugeschriebenen Eigenschaften, Vorurteile etc. in einer Art *self-fulfilling-prophecy* zu bestätigen. Dies gilt sowohl für das positive wie das negative Vorurteil. Für die Geschlechterdifferenz bedeuten diese Zuschreibungen u.a., dass die Mehrheit der Männer und Frauen eher jene Verhaltensweisen entwickeln und anwenden, die mit den gesellschaftlichen Erwartungen an sie übereinstimmen. Man kann davon ausgehen, dass es unendlich viel schwerer ist, bestimmte Eigenschaften, Potentiale, Talente und Interessen zu entwickeln und über sie zu verfügen, wenn sie im Gegensatz zu den sozial attribuierten geschlechtsspezifischen Zuschreibungen stehen.[34] Bourdieu veranschaulicht diese These am Beispiel der kabylischen Frauen und ihrer Akzeptanz hinsichtlich der hierarchischen Arbeitsteilung, die ihnen das Gebeugte, das Kleine, das Alltägliche zuweist, Arbeiten also, für die die Männer nur Geringschätzung übrig

---

[34] "Geschlechtsuntypische" Interessen zu entwickeln und ihnen nachzugehen, ist für die Betroffenen immer auch mit der Befürchtung, soziale Anerkennung einzubüßen, verbunden. Als weitere Folgen werden in der Literatur auch die besondere Aufmerksamkeit der sozialen Umwelt genannt; das Gefühl, dass das/die Interesse/n anderen gegenüber begründet werden müssen bzw. sie deshalb diskriminiert werden. Vgl. Faulstich, 1987b; Hannover/Bettge, 1993.

haben. Dies hat zur Folge, dass die kabylischen Frauen damit den Verhaltensweisen entsprechen, "die die Männer mit Hochmut oder Nachsicht betrachten, dem ihnen durch die männliche Sicht vermittelten Selbstbild. Und sie verleihen damit einer Identität, die ihnen gesellschaftlich aufgezwungen worden ist, den Anschein, in Natur fundiert zu sein." (Bourdieu, 1997, S. 162) Er weist damit darauf hin, dass das hierarchische Geschlechterverhältnis auf einer gemeinsam geteilten und gelebten gesellschaftlichen Ordnung beruht, die von den Unterlegenen anerkannt wird. Daher spricht Bourdieu auch vom Geschlechterverhältnis als einem Herrschaftsverhältnis, das auf symbolischer Macht beruht.

"Sie muss von den Beherrschten eine Form von Zustimmung erhalten, die nicht auf der freiwilligen Entscheidung eines aufgeklärten Bewusstseins beruht, sondern auf der unmittelbaren und vorreflexiven Unterwerfung der sozialisierten Körper. Die Beherrschten wenden auf jeden Sachverhalt der Welt, insbesondere aber auf die Machtverhältnisse, denen sie unterliegen, und auch auf Personen, die deren Träger sind, mithin auch auf sich selbst, nicht reflektierte Denkschemata an, die das Produkt der Inkorporierung dieser Machtbeziehung sind." (Bourdieu, 1997, S. 165)

Die Beherrschten kommen somit in gewisser Weise nicht umhin, den Herrschenden die Anerkennung zu zollen und das Herrschaftsverhältnis anzuerkennen. Denn sie verfügen, um sich selbst und den anderen zu denken, bloß über jene Erkenntnismittel, die sie mit ihm teilen. Und diese rekurrieren auf die im Habitus inkorporierten Schemata des Herrschaftsverhältnisses, das – gestützt durch ein Ensemble von Gegensatzpaaren, die als Wahrnehmungskategorien fungieren – dieses Verhältnis vom Standpunkt derjenigen aus als natürlich erscheinen lässt, die durch sie ihre Herrschaft behaupten. Das bedeutet: Eine wesentliche Leistung dieser Herrschaft liegt darin, dass die Beherrschten die für die herrschende Sicht konstitutiven Kategorien, um sich selbst zu beurteilen, auf sich selbst anwenden. Denn da ihre Wahrnehmungs- Denk- und Handlungsschemata zutiefst geprägt sind von der verinnerlichten sozialen Ordnung, übernehmen sie weitgehend auch die herrschende Sicht auf die Welt "und damit in gewissem Sinne für die Selbstbewertung die Logik des negativen Vorurteils".[35] Bourdieu macht auch darauf aufmerksam, dass die Sprache der Kate-

---

[35] Bourdieu, 1997, S. 165. Vgl. auch Schaare et al., 1994: Dass Frauen die männliche Sicht übernehmen, wird auch in den Interviews der Ingenieurstudentinnen deutlich, wenn sie z.B. Frauentutorien als etwas Besonderes bezeichnen und von den gemischtgeschlechtlichen Tuto-

gorien aufgrund ihrer intellektualistischen Konnotationen den wahren Charakter ihrer Wirkung verschleiert, denn sie entfaltet sich nicht auf der Ebene des erkennenden Bewusstseins, sondern in den unbewussten bzw. vorbewussten Schemata des Habitus, in denen die Herrschaftsbeziehung verankert ist.

Die Frage, wie aus einer symbolischen Ordnung, einer kulturellen Konstruktion, immer wieder soziale Realität werden kann, beantwortet Bourdieu mit Hilfe des Habitusbegriffs: "Nun kommt es aber darauf an, die eigentümliche Wirkungsweise des vergeschlechtlichten und vergeschlechtlichenden Habitus und die Bedingungen seiner Ausbildung herauszuarbeiten." (Bourdieu, 1997, S. 167) Diese Habitualisierung vollzieht sich durch eine permanente "Bildungs- und Formungsarbeit". Die Gesellschaft konstruiert den Körper als vergeschlechtlichte Wirklichkeit, setzt also zwei "natürliche", distinkte Geschlechtskörper (sex) voraus, und benutzt diese zugleich als einen Speicher von vergeschlechtlichenden Wahrnehmungs- und Bewertungskategorien (gender), die wiederum auf den Körper in seiner biologischen Realität (sex) bezogen werden.

Dieser Aspekt der Somatisierung ist aber von zentraler Bedeutung. Denn Bourdieu zufolge prägt die soziale Welt in die Körper der Subjekte regelrechte Wahrnehmungs-, Bewertungs- und Handlungsschemata ein, die eben auch eine vergeschlechtlichte und vergeschlechtlichende Dimension beinhalten, die wie eine zweite Natur funktioniert. Die Naturalisierung dieser gesellschaftlich instituierten Geschlechterordnung und die damit verbundene geschlechtsspezifische Arbeitsteilung ist deshalb so persistent, als ob sie auf einem scheinbar natürlichen Unterschied beruhen würde. Die Arbeitsteilung zwischen Mann und Frau objektiviert sich in einer grundlegenden Weise, da sie sich verkörperlicht und in den Körpern der Subjekte Gestalt annimmt. Die Unterscheidung in weiblich und männlich schlägt sich somit im Körper nieder und prägt und formt den Körper und Körperpraxen, sprich: den Umgang mit dem Körper, die Körper-

---

rien als "normale" Tutorien sprechen (S. 89). Auch lehnen sie solche Angebote z.T. deswegen ab, weil sie von den männlichen Kommilitonen und Dozenten mit Geringschätzung zur Kenntnis genommen werden, als fachlich nicht ernst zu nehmend kommentiert werden (S. 60). Oder sie bezeichnen Frauentutorien als "Schutzraum" im Gegensatz zur "freien Welt" (S. 87), in der sie die Diskriminierungen von Seiten der Männer als "nichts Besonderes" bewerten (S. 107).

wahrnehmung, seine Ausdrucksmöglichkeiten und Darstellungsformen. Sie konstituiert das Verhältnis des Subjektes zu seinem oder ihrem Körper und bestimmt so auch die Identität vom Körper her, und zwar von vornherein als weiblich *oder* männlich.

"Der männliche und der weibliche Körper, und ganz speziell die Geschlechtsorgane, die, weil sie den Geschlechtsunterschied verdichten, prädestiniert sind, ihn zu symbolisieren, werden gemäß den praktischen Schemata des Habitus wahrgenommen und konstruiert. Damit werden sie zu privilegierten Stützen derjenigen Bedeutungen und Werte gemacht, die mit den Prinzipien der phallozentrischen Weltsicht in Übereinstimmung stehen." (Bourdieu, 1997, S. 174)

Auch Bourdieu lässt keinen Zweifel daran aufkommen, dass die Definition des (Geschlechts-)Körpers selbst das Produkt gesellschaftlicher Konstruktionsprozesse ist. Die männliche Herrschaft beruht auf einer willkürlichen Konstruktion des Biologischen: des männlichen und weiblichen Körpers und der biologischen Reproduktion.

"Als Produkte der Einschreibung eines Herrschaftsverhältnisses in den Körper sind die strukturierten und strukturierenden Strukturen des Habitus das Prinzip praktischer Erkenntnis und Anerkennungsakte ... Dieses vom Körper vermittelte Wissen bringt die Beherrschten dazu, an ihrer eigenen Unterdrückung mitzuwirken, indem sie, jenseits jeder bewussten Entscheidung und jedes willentlichen Beschlusses, die ihnen auferlegten Grenzen stillschweigend akzeptieren oder gar durch ihre Praxis die in der Rechtsordnung bereits aufgehobenen produzieren und reproduzieren." (Bourdieu, 1997, S. 170)

Auch Hausen verweist auf diese Art des Erkennens – Anerkennens, wenn sie über die Reproduktion der geschlechtsspezifischen Arbeitsteilung schreibt, "dass diese prinzipielle Zuständigkeit jeglicher individuellen Entscheidung enthoben und dementsprechend unter Vermeidung von Reibungsverlust 'natürlich' tradierbar ist. Das Funktionieren dieser Form geschlechtsspezifischer Arbeitsteilung wird durch familiale Sozialisation sichergestellt und evtl. sogar perfektioniert." (Hausen, 1976, S. 391) Dieses Zitat impliziert mehrere Aussagen, die mit Bourdieus Annahmen über die männliche Herrschaft übereinstimmen: Erstens, dass sich auf dem Feld der Intimbeziehungen Strukturen ausbilden, welche den Akteuren als "naturgegeben" erscheinen, im Sinne dessen, was Bourdieu als "doxisch" definiert: "jeglicher individuellen Entscheidung enthoben"; zweitens, dass sie durch die soziale Praxis der Männer und Frauen reproduziert werden; und drittens, dass es sich um eine Form der Herrschaft handelt, welche oft nicht als Herrschaft erkannt wird, weil ihr ein allgemein anerkanntes Ordnungssystem zugrunde liegt.

Man könnte einwenden, dass die dargelegten Überlegungen aufgrund der Angleichung des Bildungsniveaus zwischen den Geschlechtern, der gestiegenen Erwerbsbeteiligung der Frauen, des neuen Leitbilds der Partnerschaftlichkeit und des verstärkt in der Öffentlichkeit geführten Gleichheitsdiskurses im Laufe der letzten zwanzig bis dreißig Jahre bloß als Relikte fungieren, die von der realen Praxis zwischen den Geschlechtern längst überholt sind. Doch ist dem so nicht; dies macht eine qualitative Studie von Cornelia Koppetsch und Günter Burkhard (1999) deutlich.

Laut ihrer Studie besteht die geschlechtsspezifische Arbeitsteilung als soziale Praxis auch weiterhin fort; auch finden sich milieuspezifische Unterschiede hinsichtlich der Akzeptanz und der Bewertung dieser Art von Arbeitsteilung. Dabei zeigt sich die größte Diskrepanz zwischen Diskurs und Praxis bei den Paaren aus dem akademischen Milieu. Entgegen den Plänen und Absichtserklärungen der Partner, die Haushalts- und die Erziehungsaufgaben partnerschaftlich zu teilen, etabliert sich schleichend die traditionelle Rollenteilung. Häufig sind es gerade die Frauen, die trotz ihrer Vorstellungen von gleichberechtigter Partnerschaft an den traditionellen Rollen festhalten. Die Erklärung der Autoren für dieses Phänomen lautet: "Die Idee der Gleichheit und die Haushaltspraxis sind (wenn auch vermittelt) auf unterschiedlichen Ebenen angesiedelt. Während die *Idee der Gleichheit* einer (*reflexiven*) *Diskurslogik* gehorcht, beruht die *Verrichtung alltäglicher Handlungen* auf einer anderen, einer *praktischen Logik*." Koppetsch/Burkart, 1999, S. 156)

Das praktische Erkennen – Anerkennen der Grenzlinien zwischen männlich und weiblich erschwert aber die Möglichkeiten ihrer Überschreitung. Die einer verinnerlichten Zensur unterworfenen Verhaltensweisen schlagen sich in habituellen Konstanten nieder, welche begleitende Gefühlsqualitäten wie Scham, Schüchternheit, Bescheidenheit und Zurückhaltung hervorrufen bzw. aus ihnen resultieren können.

"Diese körperlichen Emotionen, die auch in Situationen entstehen können, die sie nicht fordern, sind gleichermaßen Formen antizipierter Anerkennung des negativen Vorurteils, der, sei es auch unfreiwilligen Unterwerfung unter das herrschende Urteil und der untergründigen, bisweilen zum inneren Konflikt und der Ich-Spaltung führenden Komplizenschaft eines Körpers, der sich den Direktiven des Willens und Bewusstseins entzieht, mit der gesellschaftlichen Zensur." (Bourdieu, 1997, S. 171)

Es wurde schon früher darauf hingewiesen, dass Bourdieu das Beharrungsvermögen des Habitus betont. Die Schemata des Habitus lassen sich nicht durch bewusste Kontrolle des Verhaltens aufheben. Bourdieu stellt dies am Beispiel der Schüchternheit dar. Schüchternheit ist schlecht zu überspielen, sie verrät sich oft in Körperhaltungen, die Hemmungen ausdrücken. Und die gleichen Situationen können einen durch andere Bedingungen habitualisierten Akteur dazu anregen, sich ins rechte Licht zu setzen und offensiv darzustellen. Daher schließt Bourdieu auch, dass der Ausschluss von Frauen aus der Öffentlichkeit "die Form einer Art von gesellschaftlich erzwungener *Agoraphobie* an[nimmt, d.V.], die die Aufhebung der sichtbaren Verbote lange Zeit überdauern kann und die Frauen dazu bringt, sich selbst von der *agora* auszuschließen" (Bourdieu, 1997, S. 171). Das mag man als Hinweis auf einen Aspekt des komplexen Phänomens verstehen, dass Frauen in entscheidungsrelevanten Positionen des technischen Feldes nach wie vor eine Minderheit bilden und im Feld der Macht eher die randständigen Positionen einnehmen.

Ich möchte aber auf einen zentralen Aspekt des symbolischen Machtverhältnisses zwischen den Geschlechtern zurückkommen. Bourdieu zufolge ist die einem Akteur gesellschaftlich zuerkannte Kompetenz ausschlaggebend für die Neigung, die entsprechenden Fähigkeiten zu erwerben und damit die Chancen, sie tatsächlich zu besitzen. "Wobei er vor allem die Bereitschaft, sich diese Kompetenzen *zuzusprechen,* zeigen muss, die von der offiziellen Anerkennung des Rechts auf ihren Besitz hervorgerufen wird. Daher sind die Frauen in der Regel seltener als die Männer geneigt, sich die legitimen Kompetenzen zuzusprechen." (Bourdieu, 1997, S. 172)

Diese Annahme Bourdieus ist in der empirischen Forschung gut belegt. Ein Beispiel dafür sind empirische Studien im Zusammenhang mit dem Thema "Geschlecht und Umgang mit dem Computer", die nachweisen, dass Mädchen sich selbst und andere Mädchen eher als Anfängerinnen wahrnehmen und dieses Selbstbild auch durch die Fremdeinschätzung der Jungen bestätigt wird. Demgegenüber nehmen sowohl Jungen als auch Mädchen, Jungen zumeist als Fortgeschrittene wahr. Mädchen glauben, dass Jungen über mehr Vorkenntnisse verfügen (vgl. Faulstich, 1987a; Heppner et al., 1989; Metz-Göckel, 1991). Ähnliche Zuschreibungsmuster scheinen nach einer Studie von Ulrike Erb auch die berufliche Selbsteinschätzung von Informatikerinnen zu betreffen (vgl. Erb, 1994). Die von Erb befragten Frauen schreiben Männern oft mehr Technikkompetenz zu und betrachten ihre eigenen Kompetenzen nicht als *technische* Kompetenz. Erb zufolge resultiert diese verzerrte Selbstwahrnehmung nicht unerheblich aus einem undifferenziert angewandten Technikbegriff und dem dadurch mitbedingten Technikmythos, in dem technische Kompetenz männlich attribuiert ist.

Da die Kompetenzzuschreibungen dahingehend konstruiert sind, dass die Gesellschaft männliche Kompetenzen (z.B. technische Kompetenzen) höher bewertet als die Kompetenzen, die typischerweise Frauen zugeschrieben werden (soziale Kompetenzen), ist auch die Selbst- und Fremdeinschätzung von Männern und Frauen tief geprägt von diesen Kategorien. Daher rührt auch die Tendenz, dass Frauen bei der Bewertung ihrer Tätigkeiten die Sicht der Männer übernehmen, indem sie ihre eigene Arbeit abwerten oder ihre Kompetenzen als "nichts Besonderes" hin stellen. Das Dilemma, dass in der Verknüpfung von Geschlechtszugehörigkeit und Fähigkeitszuschreibungen (Arbeitsvermögen) liegt, besteht darin, dass Akteure, die diese Grenzen überschreiten, also "geschlechtsuntypische" Lebensentwürfe entwickeln, sich im Konflikt befinden zwischen divergierenden habituellen Anforderungen. Dabei können Ingenieurinnen auch das Gefühl bekommen, doppelte Außenseiter zu sein, nämlich einerseits eine *technisch kompetente* Frau unter Männern und andererseits eine *technikkompetente* Frau unter Frauen zu sein.[36]

---

[36] Vgl. Collmer in Collmer/Döge/Fenner, 1999, S 70f.

Ist die willkürliche Konstituierung/Institutionalisierung der Bipolarität zwischen den Geschlechtern erst einmal objektiviert, kommt es Bourdieu zufolge dazu, dass sie sich sowohl in den Köpfen in Form mentaler Repräsentationen als auch in den Körpern in Form von sozial vergeschlechtlichten Dispositionen niederschlägt.

"Der willkürliche *nomos* nimmt die Erscheinungsformen eines Naturgesetzes nur nach der *Somatisierung gesellschaftlicher Herrschaftsverhältnisse* an. Nur mittels einer ungeheuren kollektiven Sozialisationsarbeit inkarnieren sich die unterschiedlichen Identitäten, welche der kulturelle *nomos* instituiert, in Form von Habitus, die sich dem herrschenden Einteilungsprinzip gemäß klar unterscheiden und imstande sind, die Welt gemäß diesem Einteilungsprinzip entsprechend wahrzunehmen." (Bourdieu, 1997, S. 173)

Auch in modernen, differenzierten Gesellschaften bildet das Geschlecht eines der grundlegenden Klassifikationsschemata. Gegenstände, Handlungen, Bewegungen, das Sprechen, auch Räume werden unterschieden und den Kategorien "männlich" oder "weiblich" zugeordnet. Auf der Grundlage von biologisch wahrgenommenen Unterschieden werden soziale Eigenschaften anhand von dichotomen Begriffspaaren als männlich *oder* weiblich definiert, wie z.B. hart/weich, rational/emotional, aktiv/passiv, aggressiv/schüchtern, Kultur/Natur etc. Ebenso werden Fähigkeiten und Interessen geschlechtsspezifisch zugewiesen: den Jungen eine mathematisch-naturwissenschaftliche Begabung und den Mädchen eine sprachliche Begabung; soziale Kompetenzen werden weiblich konnotiert, technische Kompetenzen dagegen männlich. Das System grundlegender Gegensätze zur Konstituierung der Geschlechterdifferenz hat sich, so Bourdieu, über den sozialen Wandel der Industriegesellschaften hinweg erhalten. Verstanden als ein System sozialer Ordnung werden die ihm zugrundeliegenden Einteilungen und Sichten über symbolische Repräsentationen vermittelt; sie gehen in den Habitus der Akteure ein und strukturieren – vermittelt durch den Habitus – die soziale Praxis und werden handlungsbestimmend. In den differenzierten Gesellschaften spiegelt sich die herrschende Sichtweise der Geschlechterdifferenz – ihre symbolische Repräsentation – in den Diskursen, in Redensarten wie Sprichwörtern, Allgemeinplätzen ("Frauen und Technik!"), Witzen, aber auch in den Bildern von Männern und Frauen in den Künsten, den Medien, den Wissenschaften (z.B. in der Soziobiologie, der Psychologie etc.), der Zuordnung von technischen Gegenständen usw. Die

Darstellung von Männern und Frauen in der Werbung, die Rollen, in denen sie in Spielfilmen gezeigt werden etc., produzieren, transformieren und reproduzieren die Geschlechterstereotypen. "Sie wiederholen und vervielfachen in ihrer spezifischen Sprache die Grundmuster einer Ordnung, die auf einem Gefälle, einer Hierarchie zwischen den Geschlechtern beruht. ... Sie machen sinnlich anschaulich, dass Frauen das 'zweite', untergeordnete Geschlecht sind.", schreibt Irene Dölling in ihrer Analyse über Frauen- und Männerbilder (vgl. Dölling, 1991, S. 97). Vielfach wird in diesen Repräsentationen die Frau als eine negative Entität dargestellt, die sie durch einen Mangel an Eigenschaften, die männlich attribuiert sind, definiert.[37]

Nach wie vor organisiert sich die Trennung zwischen weiblich und männlich über die Zuständigkeit für Familien- und Berufsarbeit. Diese Zuständigkeit ändert sich vielfach auch dann nicht, wenn die Frau ihrerseits berufstätig ist, was daran liegt, dass die reproduktiven Tätigkeiten nicht als Arbeit anerkannt werden. Bourdieu weist darauf hin, dass mit der Trennung von Haus- und Erwerbsarbeit auch die Trennlinie zwischen der auf Produktion und Profit orientierten Arbeit von den reproduktiven Arbeiten gezogen wurde. Letztere hat sich nicht zuletzt dadurch den Schein des Unentgeltlichen, der Bedeutungslosigkeit im Hinblick auf den Aufwand an Zeit und Geld erworben:

"Und wie sollte man übersehen, dass die mit der biologischen und sozialen Reproduktion des Familiengeschlechts verknüpften Tätigkeiten auch in unseren Gesellschaften sehr stark abgewertet sind, selbst wenn sie anscheinend anerkannt und manchmal sogar rituell zelebriert werden? Sie können ausschließlich den Frauen zugeteilt werden, weil sie als solche verleugnet werden und weil sie den Produktionstätigkeiten untergeordnet bleiben, die allein eine wirkliche ökonomische Bestätigung und soziale Anerkennung zu erlangen vermögen. Man weiß in der Tat, dass der Eintritt der Frauen ins Berufsleben einen eklatanten Tatsachenbeweis dafür gelie-

---

[37] Was übrigens auch in den Publikationen mancher Frauenforscherinnen aufscheint. Man stößt in der feministischen Lektüre durchaus auf Bemerkungen, die Frauen darüber belehren zu müssen glauben, z.B. welche Berufe Zukunftschancen haben und daher ergriffen werden sollten. "Männerberufe" werden allzu oft als die interessanteren, qualifizierteren und mit mehr Verdienst- und Aufstiegsmöglichkeiten versehen, dargestellt. Eine solche Sicht vernachlässigt, dass auch Berufe keine ontologischen Kategorien sind, sondern ebenfalls gesellschaftliche Konstruktionen. Und Frauen verdienen in den typischen Frauenberufen nicht deshalb weniger, weil die Tätigkeiten grundsätzlich weniger Qualifikationen erfordern, sondern weil *Frauen* sie ausüben und weibliche Qualifikationen, wenn man von solchen sprechen mag, geringgeschätzt oder gratis genutzt werden, da sie als "natürliche" betrachtet werden und somit keine zu vergütende Leistung darstellen.

fert hat, dass die häusliche Tätigkeit gesellschaftlich nicht als wirkliche Arbeit anerkannt wird." (Bourdieu, 1997, S. 209)

So kommt Bourdieu zu dem Ergebnis, dass die Geschlechtergrenzen in modernen Gesellschaften zwar verschoben werden, grundsätzlich aber nicht aufgehoben sind. Denn sie setzen sich, wie er für den Erwerbsbereich richtig feststellt, z.b. in Form von geschlechtsdifferenten Arbeitsmarktsegmenten fort.

Auch der Staat spielt für die Institutionalisierung der ungleichen Machtverhältnisse zwischen den Geschlechtern eine bedeutende Rolle. Staatliche Politik bestimmt die Grenzziehung zwischen Privat und Öffentlich, reguliert Formen der Sexualität und beeinflusst die geschlechtshierarchische Arbeitsteilung (z.b. über die Steuer- und die Familienpolitik, das Recht, die Bildungs- und Arbeitsmarktpolitik etc.). So spiegelt z.b. der geringe Grad der öffentlichen Organisation der Kinder- und Altenbetreuung staatliche Familienpolitik und die herrschenden Leitbilder der geschlechtsspezifischen Arbeitsteilung. Die Berentung von Familienfrauen veranschaulicht, welche gesellschaftliche Wertschätzung – und Wertschätzung drückt sich immer auch in der Gratifikation einer Leistung aus – Frauen zuteil wird, die auf eigene berufliche Ambitionen verzichtet haben.

Da in modernen Gesellschaften die unterschiedlichen Sozialisationseinflüsse sehr viel heterogener und widersprüchlicher sind als in traditionellen Gesellschaften, sind auch die *doxa* brüchig geworden. In modernen Gesellschaften ist die männliche Herrschaft nicht mehr selbstverständlich, sie ist rechtfertigungs- und verteidigungsbedürftig geworden – aber sie besteht dennoch fort.

5.5 Die männliche *illusio* und die Spiele

Während sich viele Untersuchungen auf die weibliche Sozialisation konzentrieren, geht Bourdieu auf einige wichtige Aspekte der männlichen Sozialisation ein, denn Jungen werden ebenfalls über eine langwierige Sozialisationsarbeit zu Männern "gemacht", d.h. sie werden dazu angehalten, Dispositionen zu erwerben, die dazu führen, dass sie die herrschende Position im Geschlechterverhältnis für sich beanspruchen. Bourdieu spricht hier von der männlichen *libi-*

do dominandi, der Gier zu herrschen. Daher sind auch sie in gewisser Weise "Gefangene und versteckte Opfer der herrschenden Vorstellung, die gleichwohl so perfekt ihren Interessen entspricht" (Bourdieu, 1997, S. 187). Inwiefern sieht Bourdieu Männer aber als "Opfer"?

Mann-Sein impliziert nach Bourdieu den Zwang zur Erfüllung eines Kanons von Erwartungen:

"Der Mann ist also, wie es der Umstand zeigt, dass es, wenn man ihn loben will, zu sagen genügt: 'Das ist ein Mann', ein Wesen, dessen Sein ein Sein-Sollen impliziert, das im Modus dessen, was sich fraglos von selbst versteht, auferlegt ist: Mann zu sein heißt, von vornherein in eine Position eingesetzt zu sein, die Befugnisse und Privilegien impliziert, aber auch Pflichten, und alle Verpflichtungen, die die Männlichkeit als Adel mit sich bringt."(Bourdieu, 1997, S. 188)

Nun relativiert sich auch diese Aussage Bourdieus im Kontext moderner Gesellschaften, ohne deshalb jedoch bedeutungslos geworden zu sein. Auch unsere Gesellschaft produziert, modernisiert und reproduziert stereotype Männlichkeitsbilder. Für differenzierte Gesellschaften stellt Bourdieu jedoch fest, dass sich "die männliche Last" vor allem auf die Beherrschten auswirkt, und zwar dahingehend, dass sich die Letztgenannten "immer häufiger unmöglichen Anforderungen gegenübersehen"(Bourdieu, 1997, S. 188). Bourdieu spielt damit auf die vielfältigen und zum Teil extrem widersprüchlichen Anforderungen an, die in modernen Gesellschaften an Frauen gestellt werden und mittlerweile an die berühmte "eierlegende Wollmilchsau" erinnern.[38]

Nun ist der Ausschluss der Frau aus der öffentlichen Sphäre gleichbedeutend mit dem Ausschluss von den sozialen "Spielen" wie der Politik oder des Krieges, welche, wie Bourdieu sagt, als die ernstesten Spiele der menschlichen Existenz gelten. Dadurch wiederum können sich Frauen die Dispositionen, die man(n) sich durch die Frequentierung jener Orte und Spiele erwirbt, nicht aneignen. Bourdieu spielt hier auf die agonale Organisation dieser Spiele an. Folgt man Bourdieu in diesem Punkt, so ist es der "Sinn für die Ehre", die "den Mann

---

[38] Neuere Leitbilder von der "erfolgreichen Frau" stellen diese gerne als (technisch) kompetente Fach- und Karrierefrau dar, die aber zugleich ihrer Rolle als treusorgende, verfügbare Ehefrau und Mutter gerecht wird. Während sich die "neuen" Frauen im Berufsleben durchsetzen können sollen, sollen sie sich im Familienleben zurücknehmen und zuvorderst um das Wohl der anderen kümmern. Und dass sie diesen paradoxen Ansprüchen völlig gewachsen sind, ist selbstverständlich. Siehe hierzu auch das zitierte Material der Werbekampagne im ersten Kapitel.

dazu treibt, mit seinesgleichen zu rivalisieren" (Bourdieu, 1997, S. 189). Männer werden demnach in eine soziale Welt sozialisiert, die ihnen die Spiele zuweist, die "einzig es wert sind, gespielt zu werden, und hält sie zum Erwerb der Dispositionen an, die sie die Spiele ernst nehmen lässt, die die soziale Welt als ernste konstituiert" (Bourdieu, 1997, S. 198). Zu diesen Dispositionen gehört eben auch der Sinn für die (männliche) Ehre, der für die (Selbst-)Bewertung eines Mannes von zentraler Bedeutung ist. Bourdieu spricht hier von der *ur-illusio*. Nun wird man einwenden, dass in modernen Gesellschaften der Begriff der Ehre ziemlich angestaubt klingt, daher schlage ich als Alternative den Begriff der Reputation vor, der allerdings den Nachteil hat, sich lediglich auf eine äußere, soziale Sicht der Person zu beschränken. Dem Begriff der Ehre wohnt indes eine innere emotionale Qualität inne. Nicht umsonst gibt es den Begriff des Ehrgefühls oder des Ehrenworts.

Männer werden darauf vorbereitet, im sozialen Raum als Konkurrenten aufzutreten und sich dort in Kämpfen um die Akkumulation symbolischen Kapitals – also des legitimen Kapitals – ihr Mann-Sein zu beweisen. Diese Kämpfe, in denen es um die Akkumulation von Macht und Einfluss geht, finden in den verschiedenen sozialen Feldern statt. Wir erinnern uns, dass Bourdieu diese Kämpfe auch als Spiele bezeichnet hat und die Felder als Kampffelder, und er spielt mit dem Begriff der *illusio* genau auf jene Dispositionen an, die nötig sind, um in diesen Feldern "mitzuspielen" und zu denen unerlässlich der unbedingte Glaube ans Spiel gehört. Deshalb sind auch Männer Unfreie in diesem Zwang, den Einteilungen der Geschlechterdifferenz zu entsprechen.[39] "So ist auch der Herrschende beherrscht, aber durch seine eigene Herrschaft – was offensichtlich einen großen Unterschied macht." (Bourdieu, 1997, S. 189)

---

[39] Wie zwanghaft die geschlechtliche Zuordnung ist, kann an dem Umgang mit der Abweichung illustriert werden, z.B. der eigenen Verunsicherung, wenn man in Kontakt zu einer Person tritt, deren Geschlecht sich nicht eindeutig zuordnen lässt, aber auch in Repressionen, denen Transsexuelle ausgesetzt sind. (Beispiel: der Film *"Boys don't cry"*).

Um jene "paradoxe Dimension der symbolischen Herrschaft" zu verdeutlichen, greift Bourdieu auf eine Erzählung von Virgina Woolf zurück.[40] Denn sie "enthält eine unvergleichliche Analyse dessen, was der weibliche Blick vermag, wenn er sich auf die verzweifelte und in ihrer triumphierenden Bewusstlosigkeit reichlich pathetische Anstrengung richtet, die jeder Mann unternehmen muss, um auf der Höhe seiner kindlichen Idee vom Manne zu sein" (Bourdieu, 1997, S. 190). Bourdieu entwickelt anhand der männlichen Hauptfigur seine Thesen zum männlichen Habitus und der *libido dominandi* und weist mit Bezug auf die weibliche Hauptfigur auf die Distanz der Frauen zu den männlichen Spielen hin, die aus dem Ausschluss an den (ernsten) sozialen Spielen resultiert. Diese Distanz der Frauen zu der Art und Weise, *wie* die männlichen Spiele gespielt werden, ist fundamental für den Ausschluss bzw. die begrenzte Integration der Frauen in die männlich dominierten, prestigeträchtigen Berufsfelder.

Zwar ist dieses Vorgehen Bourdieus in dem Sinne gewagt, als er die Analyse eines literarischen Textes zum Anlass von durchaus generalisierenden Aussagen nimmt, jedoch belegen auch die Studien anderer Autoren grundlegende sozial konstituierte Unterschiede im Konkurrenzverhalten zwischen Mädchen und Jungen (vgl. Baudelot/Establet, 1997; Gebauer, 1997). Deshalb halte ich Bourdieus Reflexionen zum männlichen Habitus durchaus für geeignet, um dieser folgenreichen Dimension des Geschlechterverhältnisses auf die Spur zu kommen.

Die männliche Hauptfigur, auf die Bourdieu sich vorwiegend bezieht, Mr. Ramsey, von Berufs wegen ein Philosoph, ist ein gestrenger Vater und Ehemann, der es nicht scheut seine Frau der Lächerlichkeit preiszugeben, wenn er damit seine Kinder vor ihrer "mütterlichen Nachsicht" bewahren kann. Er ist, zumin-

---

[40] *Die Fahrt zum Leuchtturm*: Darin geht es um die Familie Ramsey, die die Sommerferien auf einer Hebrideninsel verbringt. Mrs. Ramsey hat dem jüngsten Kind, dem sechsjährigen James, für den kommenden Morgen einen Ausflug zum Leuchtturm der Insel in Aussicht gestellt. Mr. Ramsey behauptet jedoch zu wissen, dass das Wetter am kommenden Morgen schlecht sein werde. Es kommt zu einer Auseinandersetzung, mit dem Ergebnis, dass Mrs. Ramsey klein beigibt. Als unangekündigt Besucher erscheinen, wird der gestrenge, der Vernunft verpflichtete Mr. Ramsey von jenen in peinlicher Weise überrascht. Kriegsgedichte rezitierend und gestikulierend läuft er im Haus herum.

dest was sein Selbstbild betrifft, mit allen "männlichen" Tugenden ausgestattet. Genannt werden die Attribute Vernunft, die Fähigkeit zu rationalem Denken, Wahrheitsliebe, Mut und Ausdauer. Gleichzeitig aber hängt er in kindlich träumerischer Weise seinen Erinnerungen an Kriegsabenteuer nach, phantasiert sich in Situationen hinein, die heldenmütige Taten erfordern und gibt damit den Blick frei auf "die Phantasmen der *libido academia,* die in den Kriegsspielen metaphorisch zum Ausdruck kommen" (Bourdieu, 1997, S. 194). Wie der Kriegsheld, der durch seine heldenhaften Taten zu Ruhm gelangt, strebt auch Mr. Ramsey einen (Nach-)Ruf an, in dem seine Haltung, das Spiel mit vollem Einsatz und den Regeln entsprechend gespielt und sein ihm mögliches gegeben zu haben, gewürdigt wird und seine Leistungen nicht einfach in Vergessenheit geraten. Das phantasierte Kriegsabenteuer dient in der Erzählung als Metapher für das intellektuelle Abenteuer.

Bourdieu insistiert, dass die *illusio*, die für die Männlichkeit konstitutiv ist, allen Formen der *libido dominandi* zugrunde liegt. Die *illusio* nimmt feldspezifisch unterschiedliche Formen an. Und sie bewirkt, "dass Männer (im Gegensatz zu Frauen) gesellschaftlich so bestimmt sind, dass sie sich, wie Kinder, von allen Spielen packen lassen, die ihnen gesellschaftlich zugewiesen werden und deren Form *par excellence* der Krieg ist"(Bourdieu, 1997, S. 196). Dass der wahre Charakter dieser Spiele, die alle Männer spielen und die eigentlich "Kinderspiele" sind, verborgen bleibt, wird durch den kollektiv geteilten Glauben an ihre Notwendigkeit und Wirklichkeit möglich. Daher "vergisst man, dass der Mann auch ein Kind ist, das Mann spielt" (Bourdieu, 1997, S. 196). Der Preis, den der Mann für sein Privileg bezahlt, an den gesellschaftlich konstituierten Spielen teilnehmen zu können, besteht nach Bourdieu darin, dass diesem Privileg eine allgemeine Entfremdung zugrunde liegt. Das Privileg ist nämlich zweischneidig: Er darf sich den Spielen um die Macht hingeben "und diese Spiele bleiben ihm *de facto* vorbehalten" (Bourdieu, 1997, S. 196) – was nichts anderes heißt, als dass der Mann unter dem Zwang steht, darin sich selbst und anderen sein

Mann-Sein beweisen zu müssen.[41] Bourdieu spricht hier auch von einer Falle, die die sozialen Spiele bergen, in denen sich die männliche *illusio* bildet, da sie die Männer zwingt, "das zu tun, was sie tun müssen; das zu sein, was sie sein müssen" (Bourdieu, 1997, S. 199).

Da Frauen in die männlichen Spiele nicht als eigenständige Personen involviert sind[42], können sie gleich einem distanzierten Beobachter die Spiele der Männer durchschauen. Sie sehen, dass Männer von dem Drang getrieben werden, zu konkurrieren, sich zu profilieren, sich mit anderen zu messen:

"Weil ihr [Mrs. Ramsey, d.V.] die männlichen Spiele und die von ihnen auferlegte Glorifizierung des eigenen Ichs und seiner sozialen Triebe fremd sind, sieht sie ganz einfach, dass den nach außen hin so lauter und leidenschaftlich wirkenden Stellungnahmen für oder gegen Walter Scott oft nur der Wunsch zugrunde liegt, sich in den Vordergrund zu drängen."[43] (Bourdieu, 1997, S. 199)

Diese Distanz ist jedoch gleichbedeutend mit der Abwesenheit der *illusio,* die eine Voraussetzung für das Mitspielen ist, für das Aufgehen im Spiel, für die Art, wie die männlichen Spiele konstituiert sind und gespielt werden. Und deshalb sind wir hier an einem ganz zentralen Punkt angelangt: Eben dieser Aspekt ist von entscheidender Bedeutung für die geringe Bereitschaft von Frauen, in Männerdomänen einzudringen. Viele Frauen, selbst solche, die sich für einen

---

[41] Dass die *illusio*, ein Begriff, dem m. E. etwas nebulöses anhaftet (und Bourdieu definiert ihn ja auch nicht klar, umschreibt ihn eher), trotzdem ein fundamentaler Aspekt der Konstituierung von Männlichkeit ist, dessen kann man sich mit einem Blick auf die Stellenangebote für die sogenannten "high potentials" versichern. Diese Angebote zielen genau auf die Dispositionen ab, von denen Bourdieu sagt, dass man(n) sie braucht, um für diese Spiele präpariert zu sein, um das Spiel gemäß den Regeln spielen zu können: den Wettbewerb, die Geradlinigkeit, den Erfolg bei maximalem Einsatz, den unbedingten Glauben ans Spiel. Auch die Zielgruppe ist klar: es sind die jungen, ehrgeizigen, schnellen, kämpferischen Männer mit Einserexamen in informationstechnischen und ingenieurwissenschaftlichen Fächern mit betriebswirtschaftlichen Kenntnissen.

[42] Siehe Bourdieus Konzeption. In differenzierten Gesellschaften gibt es natürlich auch Frauen in Positionen, die mit Privilegien ausgestattet sind, die ein hohes symbolisches Kapital darstellen. Doch handelt es sich hier um eine kleine Minderheit gemessen an der Zahl der Männer, die diese Ämter in Politik, Wirtschaft, Wissenschaft und Technik bekleiden. Diese kleine Minderheit von "Alibi-Frauen" eignet sich hervorragend, um den eigentlichen Ausschluss zu verschleiern. Denn wenn es nur einige wenige Frauen schaffen, in Führungspositionen zu gelangen, so liegt es augenscheinlich wieder am geringen Interesse der Frauen, Karriere zu machen, wenn es doch so wenige bleiben.

[43] Hinweise auf das agonale Verhalten von Männern finden sich auch in den Interviews der Ingenieurstudentinnen (vgl. Schaare et al., 1994). Ferner kommentieren sie das rivalisierende Gehabe ihrer Kommilitonen kritisch.

männlich dominierten Beruf entschieden haben, sind befremdet von dem wettbewerbsorientierten Verhalten und der ich-bezogenen und großspurigen Art der Selbstdarstellung ihrer männlichen Kollegen.[44]

Was die Männer betrifft, so bleiben auch sie – laut Bourdieu – bei den ernsten Spiele lieber unter sich:

"Konstruiert und vollendet wird der männliche Habitus nur in Verbindung mit dem den Männern vorbehaltenen Raum, in dem sich, *unter Männern*, die ernsten Spiele des Wettbewerbs abspielen. Handle es sich um die Spiele der Ehre, deren Grenzfall der Krieg ist, oder um Spiele, die in differenzierten Gesellschaften der *libido dominandi* in all ihren Formen, der ökonomischen, politischen, religiösen, künstlerischen, wissenschaftlichen usf., mögliche Handlungsfelder eröffnen." (S. 203)

Der Ehrentausch, und darum geht es nach Bourdieu in den ernsten Spielen, zählt nur dann, wenn er unter Gleichen vollzogen wird. Oder einfacher: Nur die Anerkennung eines Mannes, mit dem sich zu messen eine Herausforderung darstellt, "der als ein Rivale im Kampf um die Ehre akzeptiert werden kann"(S. 204) – denn Frauen werden von Männern nicht als ebenbürtig wahrgenommen[45] –, ist von Wert für die Akkumulation symbolischen Kapitals. So sind sich beide Geschlechter in den historisch männlich dominierten Feldern weitgehend fremd. Beiden fehlt in bestimmten Kontexten der soziale Sinn: den Frauen für das Spielen, sofern es um den rituellen Kampf innerhalb eines bestimmten Rahmens geht, der nach spezifischen Regeln ausgeführt wird, und den Män-

---

[44] Hierzu zwei Zitate Gebauers: "Betrachten wir die Art und Weise, wie Entscheidungen über Laufbahn und Karriere, z.B. in Form von Prüfungen, Berufungen, Einstellungen, in unserer Gesellschaft organisiert sind, sind sie vielfach nach den Prinzipien von Agon und Alea, also wettkampfartig strukturiert."(1997, S. 282) Ferner: "In ihren typischen Spieler lernen Jungen, dass zum Jungen-Sein der rituelle Kampf gehört, dass am Ende des Kampfes Schluss ist mit der Adversität. In typischen Mädchenspielen kommt dieser Mechanismus selten vor. Die Auseinandersetzungen werden darin anders aufgeführt. Mädchen sind viel weniger bereit, das agonale Spiel so weit wie die Jungen in den Bereich vordringen zu lassen, den sie als Ernstfall definieren. So scheint ein Problem des Geschlechterverhältnisses zu sein, dass den Mädchen und Frauen in vielen Institutionen unserer Gesellschaft nur die männliche Version der agonalen Spiele angeboten wird, dass sie ihre Sache in *dieser* und nicht in der ihnen vertrauten Form vertreten müssen." (Gebauer, 1997, S. 282)

[45] Das bedeutet nicht, dass Männer die Konkurrenz von Frauen nicht fürchten. Dies ist durchaus der Fall, jedoch eher im Sinne einer "Schmutzkonkurrenz", nicht als gleichberechtigtes Gegenüber, mit dem sie sich messen und in ihren Leistungen vergleichen möchten. Dies würde eine grundlegende Anerkennung als Spielpartner im Sinne der rituellen Spiele voraussetzen, woraus Frauen jedoch ausgeschlossen sind.

nern, sofern sie Frauen, die sich in *ihre* Domänen begeben, nicht einschätzen und als Mitspieler nicht erkennen und anerkennen können.

Zusammenfassend lässt sich somit sagen, dass das Geschlechterverhältnis ein ganz zentrales Element in unser aller Habitus darstellt, das über eine lange Tradition verfügt und sich gerade deshalb nur äußert langsam wandelt. Zwar geht es "lediglich" um eine Konstruktion, wie man heute durchweg sagt; doch darf die Rede von einer Konstruktion nicht etwa den Eindruck hinterlassen, als sei alles jederzeit änderbar. Im Gegenteil: Gerade das Geschlechterverhältnis weist ein erstaunliches Beharrungsvermögen auf, und dies nicht zuletzt deshalb, weil es nahezu weltweit Geltung genießt, und zwar in einer grundsätzlich ähnlichen Ausführung. Es fehlt somit die Erfahrung der Kontingenz in dem Sinne: Es geht auch ganz anders. Eben deshalb ist es auch so schwierig, die Aura des Natürlichen abzustreifen, die das Geschlechterverhältnis immerfort umgab, zumal ja das *biologische* Geschlecht (sex) diese Lesart ohnehin bestärkt. Dabei stattet die Konstruktion der *sozialen* Geschlechter (gender) Männer wie Frauen mit einer Reihe von Eigenschaften, Fähigkeiten und "Natur"-Begabungen aus, die auf eine Weise internalisiert und angenommen werden, dass sich für beide Geschlechter oftmals keinerlei ernstzunehmender Widerspruch dagegen ableiten lässt, sondern beide Geschlechter sich wechselseitig sogar noch darin bestätigen und anerkennen, was sie füreinander sind – ist die Zurückweisung von derartigen Wahrnehmungs-, Denk- und Handlungsschemata ja immer auch mit beträchtlichen Orientierungsproblemen und nicht unerheblichen Identitätskrisen verbunden. Insofern sind aber auch Frauen an der Konstanz der Verhältnisse mitbeteiligt, so wie Männer sich möglicherweise manchen Anforderungen von sich aus aussetzen, die ihnen nichts Gutes tun und doch nur durch sie selbst aufrechterhalten werden. Eben dies lässt ein Paradox erkennen, das uns die Betrachtung des Geschlechterverhältnisses aus der Perspektive des Habitus-Konzepts Pierre Bourdieus aufnötigt, so unangenehm sie auch erscheinen mag, wenn wir von uns als aufgeklärte, mündige Menschen sprechen. In jedem Fall macht sich das Geschlechterverhältnis in nahezu jedem Feld der modernen Gesellschaft mehr oder weniger stark bemerkbar, wobei manche Felder eher eine Domäne der Frauen darstellen, während andere Felder eher den Männern zuzuschlagen sind. Hierzu zählt aber vor allem der Bereich der Technik, um das es im letzten Kapitel dieser Arbeit gehen wird.

6. Frauen, Männer und das technische Feld

Frauen und Männer treffen als Maschinenbau- und Elektrotechnik-IngenieurInnen im technischen Feld aufgrund bestimmter vergeschlechtlichter Dispositionen im und durch den Habitus mit unterschiedlichen Voraussetzungen aufeinander. Dieses Feld soll im Folgenden skizziert werden. Dabei werden vor allem die sozialen Aspekte im Vordergrund stehen, denn der Ausschluss von Frauen aus den technischen Männerdomänen ist keineswegs qualifikatorisch begründet.

6.1 Technik als männlicher Mythos

Die Verbindung zwischen Männlichkeit und Technik ist sozialgeschichtlich tief verwurzelt. Schon 700 vor Christus tauchte der Männer-Technik-Mythos in den Geschichten Hesiods auf. Der schlaue Prometheus hatte die Männer gelehrt, die Natur durch mechanische Techniken beherrschen zu können ("Mechane" hieß zunächst nur List, raffiniertes In-die-Falle-Locken). Daraufhin erschuf der Schmiedegott Hephaistos eine künstliche Frau, Pandora. Pandora, die aus Erde und Wasser geschaffene Frau – im Gegensatz zur "natürlichen" Frau aus Fleisch und Blut – wurde als überlistendes Gegenbild ins Feld geführt, um die betriebsamen Männer ins Unglück zu stürzen. "Ihr Mythos erzählt die Geschichte des naturbeherrschenden Mannes als eines betrogenen Betrügers. Durch den weiblichen Erdmechanismus Pandora ereilt ihn die Rache der Natur. ... Wenn die Natur mechanisiert wird, tritt sie als künstlich erzeugter Mechanismus auf, der die Männer verführerisch ins Verderben lockt." (Geier, 2000)

Die Amalgamierung zweier sozialer Konstruktionen – Männlichkeit und Technik – wurde offensichtlich über lange Zeiträume hinweg tradiert und hat sich tief in den Habitus und somit in die Strukturen des Feldes und die soziale Praxis eingeprägt. Deshalb wirkt sie auch weitgehend jenseits einer bewussten Wahrnehmung, Entscheidung oder gar Infragestellung. Für die Alltagswahrnehmung existiert quasi eine Art von "kulturellem Monopol", wonach Technikbegabung,

Technikinteresse und -kompetenz in Gesellschaften, die sich durch eine frühe Industrialisierung auszeichnen, nach wie vor und ohne wirkliche Alternative für alle Beteiligten mit Männlichkeit verknüpft ist.[46]

6.2 Die historische Entwicklung des Ingenieurberufs

Die Ursprünge des Ingenieurberufs liegen im Bau- und Kriegshandwerk. Das lateinische Wort "ingenium", aus dem sich die Bezeichnung des Ingenieurs ableitet, bedeutet "kluger Einfall", aber auch "List". Man verwandte den Begriff für technische Erfindungen, ab dem 12. Jahrhundert jedoch auch für Kriegsgerät. Der Ingenieur war also ein Erbauer von Kriegsmaschinen, wobei der Krieg schon immer als eine ausschließlich männliche Angelegenheit betrachtet wurde. Eine theoretische Fundierung und Spezialisierung des Ingenieurwesens fand daher auch wenig überraschend zunächst im militärischen Bereich statt. Moniko Greif (1996) zufolge wurden die Bestausgebildetsten für die Entwicklung militärischer Technologien rekrutiert; außerdem war dieser Technikbereich der mit Abstand ressourcenstärkste. Nicht zuletzt galt der Beruf des Militäringenieurs bereits damals als Aufsteigerberuf, konnten mit dieser Qualifikation auch Nicht-Adlige einen Offiziersrang erringen.

Mit Beginn der Industrialisierung entwickelte sich der zivile Ingenieurberuf. Zur Verminderung der Kosten und um Unabhängigkeit von den sich organisierenden Handwerkern bemüht, stellten die Unternehmer zunehmend angelernte Arbeiter ein. Der Kompetenzentzug der Arbeitskräfte erforderte einen Kompetenzzuwachs auf Seiten der Betriebsleitung. "Die typische Ingenieurtätigkeit entstand. Sie umfasste nicht nur den Entwurf neuer Maschinen und die Entwicklung neuer Verfahren, sondern auch die systematische Vorplanung und

---

[46] Mit der Innenperzeption sind die Denk-, Wahrnehmungs- und Handlungsschemata des Habitus der Akteure des technischen Feldes bezeichnet. Cockburn zeigt in ihrer Studie, wie Männer die von ihnen ausgeführten Tätigkeiten als "technische" definieren. Selbst wenn sich Berufe durch Modernisierungsprozesse verändern und Frauen Zugang zu ehemalige Männerdomänen erhalten, wird durch Fragmentierung, Segregation und Neudefinition der Tätigkeiten die Hierarchie zwischen männlicher (technischer) Arbeit und weiblicher Arbeit wiederhergestellt. Vgl. auch Maruani, Margaret, 1997. Mit Außenperzeption ist die soziale Welt assoziiert, in der z.B. auch ein großer Teil der Frauen Technikkompetenz männlich attribuieren.

wicklung neuer Verfahren, sondern auch die systematische Vorplanung und Organisation des Arbeitsablaufs. Hier waren die militärisch vorgebildeten Ingenieure in ihrem Element. Die militärisch anmutende Hierarchie vieler Betriebe ist deshalb wohl kein Zufall." (Greif, 1996, S. 134)

Zu Beginn des 20. Jahrhunderts erhöhte sich aufgrund der weitgehenden Fragmentierung der Arbeitsprozesse der Bedarf an Ingenieuren, während den Arbeitern zunehmend jede Kontrolle über den Produktionsprozess entzogen wurde. Dabei sind Ingenieure zumeist nicht mehr Unternehmer oder Betriebsleiter, sondern selbst abhängig beschäftigt. "Trotz dieser abhängigen Stellung sind sie nun unentbehrlich als Rationalisierer und Innovatoren in der Industrie. Die Expertenrolle in Verbindung mit ihrer traditionell hohen Loyalität gegenüber den Arbeitgebern sichert ihnen einen gewissen Zugang zur Macht." (Greif, S. 135)

Der Zugang von Ingenieuren zur Macht ergibt sich aus der Verbindung der geschichtlichen Ursprünge und der Position der Akteure im technischen Feld. Denn Ingenieure bedienen klassischerweise die Mächtigen (Herrscher, Staat, Unternehmer) mit ihren Erfindungen und Maschinen, die diese wiederum anwenden, um mit Hilfe von Technologien ihre militärischen und ökonomischen Interessen durchsetzen, sprich: Kontrolle über Mensch und Natur ausüben zu können. Insofern fungiert Technologie, wie Cockburn (1988) betont, als Vermittler von Macht. Technik ist also einerseits mit Macht, andererseits mit Männlichkeit konnotiert, und alle Aspekte zusammen sind konstitutiv für das traditionelle Berufsbild des Ingenieurs. Es ist diese konstruierte und in den Habitus eingeschriebene Affinität zwischen Männlichkeit und Technik sowie die geschlechtshierarchischen Strukturen, die Frauen aus den hochqualifizierten technischen Berufen ausschließen.

6.3 Der männliche Habitus und die Technik als Spielfeld

Wenn Jungen oder Männer Technikinteresse und -begeisterung äußern, steht dies im Einklang mit den strukturierten und strukturierenden Strukturen ihres Habitus. Denn die sozialen Konstruktionen von Männlichkeit und von Technik ergänzen sich. Dies lässt sich auch daran erkennen, dass die Attributionen, die beiden Konzepten implizit sind, sich ergänzen bzw. eine Schnittmenge bilden, wie sich an Begriffen wie Rationalität, Objektivität, Sachlichkeit, Nüchternheit, Funktionalität zeigen lässt. Damit ist nicht gesagt, dass Männer und Technik/Technologien diese Eigenschaften realiter besitzen, sondern dass diese Eigenschaften ihnen sozial zugeschrieben werden. Der männliche Habitus mit seinen spezifischen Dispositionen und das technische Feld weisen somit homologe Praxen auf.

Erinnern wir uns daran, dass in typischen Jungenspielen das agonale Moment dominiert. Dieses agonale Moment ist nach Bourdieu aber konstitutiv für die "Spiele" in vielen sozialen Feldern, vor allem aber für das technische Feld. Denn viele weisen feldintern Umgangsformen des Gegeneinanders, der Adversität, des Überbietens und des Ausscheidungskampfes auf. In ihnen geht es um die Herstellung von Rangordnungen, Auszeichnungen, Einmaligkeit und um symbolische Macht.

Der Ingenieurberuf galt lange Zeit als ein Aufsteigerberuf. Ergriff man ihn, so kam man zuerst über die Bildungsinstitutionen mit ihm in Berührung. Diese haben einerseits eine kognitiv-technische Reproduktionsfunktion, also die Vermittlung naturwissenschaftlich-technischer Qualifikation, andererseits eine sozialaffektive Reproduktionsfunktion, die darin besteht, die Akteure mit dem feldspezifisch passenden Habitus aus der Masse der Bewerber zu selektieren. Nun findet diese soziale Reproduktion in den "harten" ingenieurwissenschaftlichen Studiengängen vor allem durch die starke Selektion im Grundstudium statt. Hier lässt sich durchaus eine Art Sozialdarwinismus feststellen. "Eingeübt werden vor allem Loyalität, Disziplin und Elitebewusstsein." (Molvaer/Stein, 1994, S. 23) Die Ingenieure, die "durchhalten", sind entsprechend karriereorientiert und streben in der Regel eine Führungsposition an. Als Männer bringen sie einen Habitus mit, der von der Kindheit an über Jungenspiele, Kompetenzzuschreibungen der Eltern und Lehrer, der Akzeptanz militärisch anmutender Ausbildungsstrukturen und ihrer hohen Karrieremotivation perfekt an die Strukturen dieses Feldes angepasst ist, die wiederum von ihnen als Akteure durch die soziale Praxis produziert, transformiert und reproduziert werden. Darüber hinaus bringen sie den unbedingten Glauben ans Spiel mit, die *illusio*, welche nach Bourdieu ausschlaggebend ist für die Teilnahme an diesem Spiel.

Die *libido dominandi* des technischen Feldes liegt im Bedürfnis, die Natur im Sinne natürlich gesetzter Grenzen zu überwinden, das technisch Maximale (was nicht notwendig das Optimale sein muss) zu erschaffen und zu erreichen, nach dem Motto: "Schneller, weiter, höher!" Der Mythos, der die Technik umgibt, gründet darin, dass Technik hochstilisiert wird zu einem Geheimwissen, das nur "Insidern" zugänglich ist.[47] Insider sind wiederum nur diejenigen, die das Spiel auf dem technischen Feld mit vollem Einsatz spielen, also in der *illusio* eines Spiels voll aufgehen, von dem Bourdieu sagt, dass es sich dabei um eines der wirklich ernsten Spiele der Gesellschaft handelt und die doch nur "Kinderspiele" sind (vgl. Bourdieu, 1997, S. 196).

Dabei ist mit einem Blick auf die Technikfolgen unbestreitbar, dass es sich hierbei tatsächlich um ein "ernstes" Spiel handelt. Außerdem ist der Wunsch, sich zu profilieren und Ruhm, oder wie man heute sagen müsste: Berühmtheit zu erlangen, Teil des männlichen Habitus. Im technischen Feld äußert sich dieses Motiv im Bestreben, über technische Erfindungen und deren Weiterentwicklung zum technischen Fortschritt der Gesellschaft beitragen zu können, vielleicht sogar eine bahnbrechende Lösung zu finden. Technik erscheint vor dem Hintergrund der beschriebenen Geschichte somit in besonderem Maße dazu geeignet, als ein Spielfeld für die Dispositionen des männlichen Habitus zu fungieren. Hierzu das Zitat eines Personalmanagers eines führenden Technologieunternehmens aus Cockburns Studie:

---

[47] Erb und Wajcman haben darauf hingewiesen, dass die Verwendung eines undifferenzierten Technikbegriffs problematisch ist. Nach Erb trägt gerade die Verwendung eines diffusen Technikbegriffs zur Mystifizierung von Technik und Technikkompetenz bei und wirkt in zweifacher Hinsicht schädlich: "Zum einen wird die Verantwortung für die Folgen technischer Entwicklungen einem technischen Expertentum übertragen und überlassen. Zum anderen verstärkt ... die Mystifizierung von Technik bestehende Klischees von der 'männlichen Technikkompetenz' und der 'weiblichen Technikdistanz', mit der wiederum aufgrund des herrschenden Geschlechterverhältnisses eine Wertehierarchie verbunden ist. Die Wertehierarchie stellt 'männliche' Technikkompetenz über den Frauen zugeordnete soziale Kompetenzen." (Erb, 1994, S. 31).

"Wenn hier jemand vorankommt, dann weil wir an unseren Idealen festhalten, stark genug sind, unsere Sache zu verteidigen ... Was wir brauchen, ist jemand, der auf Teufel komm raus loslegt. Wir haben ein junges Management mit entsprechend starker Konkurrenzatmosphäre. Die meisten sind zwischen 28 und 35, haben ein Bachelor- oder Masterdiplom. Ziemlich aggressive Atmosphäre. Keiner will, dass ein anderer seine Idee abqualifiziert, verstehn' Sie. Vielleicht übertreiben wir´s auch etwas, aber es macht uns Spaß." (Cockburn, 1988, S. 182)

Auch die Rhetorik eines anderen Ingenieurs lässt ahnen, dass die Männer das Spiel *sind*, das sie spielen und dass sie den unbedingten Glauben ans Spiel mit- und einbringen:

"Man steht mit dem Kollektiv in vorderster Front von was man immer gerade tut. Und dafür braucht man keinen Nobelpreis zu gewinnen. Es reicht schon, wenn man an dem Produktangebot arbeitet, das für das Unternehmen an erster Stelle steht. Das braucht gar nichts Tolles zu sein. Einfach die Tatsache, dass man hier an die Grenze des betrieblichen Erfahrungshorizontes stößt: Das ist ein wunderbares Gefühl. Und wenn es dann noch so ist, wie es bei mir der Fall war, dass Sie es mit etwas zu tun haben, das, na, ohne den Mund zu voll zunehmen, der Menschheit ein bisschen nützt ... Der Tomograph war ein enormer Durchbruch in der Medizin. Alle waren furchtbar aufgeregt, wurden mitgerissen. Es war gewaltig." (Cockburn, 1988, S. 177)

Wie ernst das Spiel werden kann, lässt sich anhand des Buchs "Väter der Vernichtung" von Brian Easlea dokumentieren. In diesem Buch wird die Geschichte der Radioaktivität und die Entwicklung der Atombombe beschrieben. Es veranschaulicht auf lebhafte Weise die Aufregung und das Konkurrenzdenken der beteiligten Wissenschaftler. In einem Zitat J. R. Oppenheimers spiegelt sich die gleiche Faszination und Distanzlosigkeit zum eigenen Tun: "Wenn man etwas sieht, das einem als etwas technisch Verlockendes erscheint, dann packt man die Sache an und macht weiter, und was damit geschehen soll, darüber macht man sich erst dann Gedanken, wenn man seinen technischen Erfolg gehabt hat." (Easlea, 1986, S. 147, zitiert nach Wajcman, 1994, S. 168)

Informatikerinnen und Ingenieurinnen äußern häufig, dass ihre männlichen Kollegen "spielerisch" an Technik heran- und mit Technik umgehen.[48] Damit soll nicht bestritten werden, dass Ingenieurinnen sich nicht ebenfalls von einer Auf-

---

[48] Vgl. Erb, 1996, S. 200f.; Cockburn, 1988, S. 173f. Unterschiedliche Herangehensweisen beschreiben auch Untersuchungen mit Jugendlichen im Umgang mit Computern. Metz-Göckel et al. (1991) beobachteten für geschlechtshomogene Mädchengruppen eine größere Bandbreite an Verhaltensweisen als in heterogenen Gruppen. In den homogenen Gruppen zeigten Mädchen neben kooperativen auch konkurrierende Verhaltensweisen. Es kann davon ausgegangen werden, dass sogenannte "weibliche Zugangsweisen" (vgl. Heppner et al., 1989) Produkte des geschlechtsspezifisch geprägten Habitus sind.

gabe fesseln lassen können; aber die Mehrheit der befragten Informatikerinnen in der Untersuchung von Erb (1996) distanziert sich "von dem bei Männern beobachteten Drang, ins Innere der Maschine vordringen zu wollen" (Erb, 1996, S. 202). Ihr eigenes Verhältnis zur Technik beschreiben sie als pragmatisch und sachorientiert (vgl. auch Hartmann/Sanner, 1997, S. 194f.). Diese eher distanzierte Haltung könnte u.a. daraus resultieren, dass Frauen in Männerdomänen ohnehin in einem Konflikt zwischen dem geschlechtlich geprägten Habitus und dem technischen Habitus stehen. Erb stellt fest, dass die Abgrenzung gegen ausgeprägt männliche Verhaltensweisen von ambivalenten Gefühlen begleitet ist. Einerseits schreiben sie ihren männlichen Kollegen mehr "Technikkompetenz" im Sinne von Technikbeherrschung aufgrund dieser spielerischen, experimentellen Arbeitsweise zu, andererseits lehnen sie Technikfixierung und die einsame Tätigkeit am Rechner ab.

"Diese ambivalenten Zuschreibungen legen die Vermutung nahe, dass die Distanzierung vom technischen Insidertum nicht als Distanzierung von der Technik an sich, sondern von technikzentrierten Umgangsformen ... zu werten ist. Es würde damit also insbesondere ein Habitus abgelehnt, der mit dem (sozial konstruierten) weiblichen Habitus nicht in Einklang zu bringen ist." (Erb, 1996, S. 203)

Dabei dürfte die Beobachtung, dass die Strukturen männlich dominierter Berufsbereiche sehr durch Wettbewerb und Rivalität geprägt sind, in Anbetracht Bourdieus Beschreibung männlicher Spiele nicht weiter erstaunen. Dafür finden sich vielfache Belege in Interviews mit Ingenieurinnen (vgl. Teubner, 1989; Cockburn, 1988; Janshen/Rudolph, 1989; Rundnagel, 1986).

Dadurch, dass technische Kompetenzen quasi naturgegeben mit Männlichkeit konnotiert sind, ist es auch für Männer, die durchschnittlich begabt sind, nicht ungewöhnlich, dass sie selbst ihre Fähigkeiten höher einschätzen als dies beispielsweise gut qualifizierte Frauen tun, denn im Gegensatz zu ihnen, schreiben Männer sich diese Kompetenzen legitimerweise im Bourdieuschen Sinne zu.[49]

---

[49] Schon bei Schülern findet sich dieses Muster: Dabei tendieren Jungen dazu, ihre Leistungen in Mathematik, Physik und Informatik zu überschätzen, während die Mädchen eher dazu tendieren, ihre Leistungen dem Zufall oder Glück zuzuschreiben anstatt ihrer eigenen Leistungsfähigkeit.

Das feldspezifische Kapital ist hier das technische bzw. technologische Kapital. In objektivierter Form liegt es materialisiert in Ausrüstungen, Instrumenten, Maschinen, kurz technischen Artefakten vor. Allerdings ist auch Software technisches Kapital, wenngleich es quasi nur immaterieller Art ist. Die inkorporierte Form technischen Kapitals stellt sich dagegen als Expertenwissen dar (in Form von Wissen, Know-how, Praktiken).

Nach Bourdieu ist die Stärke eines Akteurs abhängig von seinen Trümpfen, die sich aus differentiellen Erfolgs- und Misserfolgsfaktoren zusammensetzen. Für die Akteure des technischen Feldes ist deshalb Folgendes zu bedenken: Da Männern technische Kompetenz gesellschaftlich schon von vornherein zugesprochen wird, während Frauen und technische Kompetenz als sich gegenseitig ausschließend gedacht werden, haben die Geschlechter bei gleicher Qualifikation in ungleichem Maß Kapital akkumuliert in Hinsicht auf das Volumen und die Struktur ihres Kapitals. Für die IngenieurInnen ist das Diplom nämlich nicht nur inkorporiertes kulturelles Kapital, es ist auch symbolisches Kapital, insofern es sich bei ihnen um legitimes, gesellschaftlich erkanntes und anerkanntes, Kapital handelt. Was bedeutet das? Männlichen Ingenieuren bringt man einen Kredit an Anerkennung entgegen. Man nimmt an, dass sie die entsprechenden Qualifikationen besitzen, solange nicht das Gegenteil bewiesen ist. Frauen hingegen haben in den Ländern, deren Weiblichkeitsvorstellungen diametral zu denen von Technikkompetenz entgegenstehen – und Deutschland ist ein solches Land – eine Art negativen Kredits, ein Soll statt ein Haben, gleichsam eine Bringschuld; trotz ihrer Abschlüsse wird ihre Kompetenz nicht als vorhanden vorausgesetzt, sondern muss erst noch unter Beweis gestellt werden. Ob männliche Ingenieure darüber hinaus durch männerbündische Aktivitäten begünstigt werden, sprich: über mehr soziales Kapital verfügen als Ingenieurinnen, kann durch empirische Forschung nicht definitiv belegt werden. Molvaer/Stein (1994) erwähnen jedoch die persönliche Vermittlung und Förderungen durch "old boys networks" (S. 164); gemeint sind damit Männerbünde wie Studentenverbindungen, in denen lange Zeit der Führungskräftenachwuchs der Industrie rekrutiert wurde. Es bleibt zu vermuten, dass diese Rekrutierungspraxis teilweise auch gegenwärtig noch greift.

Im technischen Feld lassen sich verschiedene Akteure unterscheiden, die in Interaktion miteinander stehen. In direkter Konkurrenz um die Arbeitsplätze stehen die Fachhochschulingenieure und die Ingenieure mit Universitätsdiplom. Ferner sind die Unternehmer zu nennen, die das Interesse an möglichst hochmotivierten, flexiblen und kompetenten Fachkräften haben. Die Ingenieure sind ihrerseits an einem beruflichen Aufstieg interessiert. Durch die Implementierung informationstechnischer Systeme ergibt sich eine weitere Konfliktlinie zwischen den jungen Ingenieuren mit der entsprechenden informationstechnischen Qualifikation und den älteren Berufskollegen, die zwar größere berufliche Erfahrung nachweisen können, denen jedoch diese markt- und damit positionsrelevanten neueren Qualifikationen fehlen. Frauen geraten nun ebenfalls zwischen diese Konfliktlinien, wenn sie als Konkurrenz in diese Männerdomänen eintreten und sehen sich entsprechenden Abwehrmaßnahmen durch die Männer ausgesetzt. Dabei sind typische männliche Strategien im Sinne Bourdieus – als vom praktischen Sinn des Habitus generierte Praxisformen – gegen das Vordringen von Frauen in Männerdomänen u.a. der Ausschluss aus informellen Kommunikationsnetzen, das Infragestellen der fachlichen Qualifikation oder die Unterstellung, dass Frauen ohnehin irgendwann wegen Schwangerschaft ausfallen. Die von Ulrike Teubner (1989) befragten Frauen wählen, um das Verhältnis zu ihren Kollegen zu beschreiben, häufig die Begriffe "Dominanzstreben", "Konkurrenz" und "Ablehnung", Verhaltensweisen, die von vielen befragten Ingenieurinnen nicht geschätzt werden (Teubner, 1989, S. 69ff.).

Auch Personalabteilungen greifen lieber auf Männer zurück, um sich vor schwangerschaftsbedingten Ausfallzeiten zu schützen. Bei den männlichen Ingenieuren scheint das Risiko, dass sie Erziehungsurlaub nehmen möchten, dagegen begrenzt.[50] Auch die Befürchtung, dass von Seiten der männlichen Be-

---

[50] Dabei scheint der häufige Arbeitsplatzwechsel junger Ingenieure mit hoher Karrieremotivation kein personalpolitisches Problem zu sein. Bei männlichen Ingenieuren wird somit die Fluktuation nicht nur gebilligt, sondern als gewünschtes berufliches Engagement betrachtet. Der perso-

legschaft Akzeptanzprobleme entstehen könnten, und die Unsicherheit, die Leistungsfähigkeit einer Frau beurteilen zu müssen, scheinen die Einstellung von Ingenieurinnen zu erschweren. Männliche Personalverantwortliche, die vorwiegend Männer einstellen, haben einen praktischen Sinn für die Einschätzung ihrer Kandidaten entwickelt; sie sind vertraut mit der Einschätzung von Männern. Gerade dieser praktische Sinn, der Teil ihres Habitus ist, versagt aber bei der Einschätzung von Frauen, was erwartungsgemäß eine Situation der Unsicherheit schafft. Da der Habitus solche Situationen aber zu vermeiden sucht, wird oftmals die Einstellung von Männern bevorzugt. Ein anschauliches Beispiel dafür, wie sehr eine habitusfremde Situation verunsichern kann, ist die Randbemerkung "Vier Stunden in die Mangel genommen" des weiter oben zitierten Artikels aus den VDI nachrichten vom 7.4.2000.

Eine weitere Strategie besteht darin, Frauen in bestimmte Bereiche abzuschieben oder ihnen untergeordnete Positionen zuzuweisen, die in der Regel mit weniger Prestige und Einflussmöglichkeiten versehen sind: "Moderne, aktuelle Arbeitsfelder, die den Frauen in den ABL weitgehend verschlossen bleiben, sind der Vertrieb und die Strategiediskussion und Mitentscheidung." (Molvaer/Stein, 1994, S. 101)

Hier zeigt sich, dass sich die Geschlechterhierarchie nicht durch den Zugang und eine höhere quantitative Präsenz allein aufheben lässt[51], sondern auf betrieblicher Ebene auf die eine oder andere Weise fortgeführt wird[52], so dass

---

nelle Aufwand, der aufgrund dieser Art Fluktuation entsteht, scheint nicht als Problem wahrgenommen zu werden.

[51] Vielfach wird davon ausgegangen, dass eine höhere Beteiligung von Frauen in männlich dominierten Berufsfeldern ihre Marginalisierung aufhebt. Dass sich die Benachteiligungen von Frauen in den Dimensionen Position (beruflicher Aufstieg), Gehalt etc. nicht schon durch ihre bloße Präsenz auflösen, weist Teubner für die qualifizierten Mischberufe nach, Vgl. Teubner, 1989.

[52] In einem Interview Kira Steins mit zwei Industriemanagern beantwortet einer die Frage "Was halten Sie in diesem Zusammenhang von der These, dass Frauen mehr an Arbeitsinhalten und Männer mehr an ihrer Selbstdarstellung und ihrer Karriere interessiert sind?" wie folgt: "Ich glaube, dass auch Ingenieurinnen, zumindest die, die ich kenne, an ihrem Fortkommen interessiert sind und etwas dafür tun. Aber ich habe auch schon erlebt, dass sie, gedrängt in bestimmte Positionen, ihre Kraft und ihren ganzen Grips in die Sache stecken, einfach deshalb, weil man ihnen darüber hinaus andere Tätigkeitsfelder verwehrt. Sie werden z.B. einfach zu bestimmten Konferenzen nicht eingeladen, vergessen oder ihr Name ist der einzige, der falsch

man Ute Hoffmann nur zustimmen kann, wenn sie konstatiert: "Die Zutrittschancen und Produktionsweisen [im technischen Feld, d.V.] sind auf männliche Teilnehmer zugeschnitten. Frauen werden meist ausgesiebt, bevor das Spiel beginnt bzw. wenn es spannend wird und spätestens dann, wenn die Medaillen verteilt werden." (Hoffmann, 1989, S. 169)

6.4 Bedarfslücke und Veränderungsbedarf im technischen Feld

Nun lässt sich der aktuelle Fachkräftebedarf jedoch nicht mehr allein durch die männlichen Ingenieure decken. Außerdem besteht die Möglichkeit, dass sich im technischen Feld ein Veränderungsbedarf abzeichnet. Welcher Art ist dieser Veränderungsbedarf?

(1) Zuallererst ist schon seit längerem ein Wandel von der Angebots- zur Nachfrageorientierung festzustellen. Während die Technologieunternehmen bis zuletzt an einer Angebotspolitik festhielten, die stark technologieorientiert ausgerichtet war, hat sich in jüngster Zeit immer stärker eine Orientierung ausgebildet, die stärker marktorientiert ist. Denn der Markt fragt nicht bloß technische Kompetenz nach, sondern erwartet immer häufiger eine Dienstleistungsmentalität, die auf Kommunikation und Kundenzufriedenheit setzt und die sich auch die Technologieunternehmen aneignen müssen, um international bestehen zu können.

(2) Angesichts des wirtschaftlichen Trends zur verstärkten Internationalisierung des Wettbewerbs und der Unternehmensallianzen werden immer öfter auch fachübergreifende Qualifikationen nachgefragt. Die Zusammenarbeit mit ausländischen Geschäftspartnern und die wachsende Kundenorientierung erfordern von den MitarbeiterInnen breit gefächerte Kompetenzen. Technisches Fachwissen allein wird dem Mehr an Komplexität in beruflichen Kontexten nicht gerecht, kommunikative Kompe-

---

geschrieben wird. Das kann Zufall sein. Kleinigkeiten, aber für mich symptomatisch." (Greif/Stein, 1996, S. 100) tenzen werden zunehmend wichtiger. Dies zeigt sich auch daran, dass teamorientierte Mitarbeiter – dem Diskurs zufolge – eher nachgefragt werden als Einzelkämpfer, denn mit der Teamfähigkeit steht und fällt die Zusammenarbeit in interdisziplinären Zusammenhängen. Und hier setzt ja auch die Kampagne an: Mädchen spielen in typischen Mädchenspielen das Bezugnehmen auf andere, die Kooperation mit anderen und das Einfühlen in andere, und verfügen deshalb eher über entsprechende soziale und sprachliche Kompetenzen (vgl. Gebauer, 1997).

(3) Durch die negativen Erfahrungen mit Technikfolgen gibt es eine zunehmend kritischer werdende Öffentlichkeit. Technikakzeptanz kann bei der Bevölkerung nicht mehr in dem Maß vorausgesetzt werden, wie das noch vor einigen Jahrzehnten der Fall war. Auch auf dieser Ebene stellt sich für das technische Feld eine krisenhafte Situation ein, denn die Praxis des Feldes büßt somit einen Teil ihrer Legitimation ein, die technische Expertise bleibt nicht länger unhinterfragt. Das Vertrauen einer kritischen Teilöffentlichkeit in (Groß-)Technologien muss erst (wieder-)geschaffen werden. Bislang rekrutierten die Ausbildungsinstitutionen Akteure mit spezifischen Interessen, die sich vor allem auf die technische Dimension ihrer Produkte und weniger auf soziale Aspekte konzentrierten. Wenn nun soziale Aspekte bei der Entwicklung und Gestaltung von Technologien an Gewicht zunehmen, könnte es notwendig sein, dass man andere Akteure (mit einem anderen Habitus) als bislang rekrutieren muss. Dies müssen nicht zwingend Frauen sein. Zwar wird Frauen unterstellt, dass sie eher als Männer über soziale Kompetenzen verfügen und daher erwartet man, dass sie soziale Aspekte stärker berücksichtigen, aber die Analyse der Studien- und Berufsbedingungen von Ingenieurinnen verweist auf vielfache Benachteiligungen anstelle einer höheren Wertschätzung. Ein Zuwachs des Anteils weiblicher Beschäftigter in männerdominierten Bereichen geht in der Regel mit einer sozialen Abwertung dieser Tätigkeiten einher. Jede Form der Vergeschlechtlichung von Arbeit unterliegt ebenfalls der Geschlechterhierarchie als Norm.

In einer Gesellschaft, in der Technik als Motor für den sozialen Wandel und von hoher Bedeutung für die gesellschaftliche Entwicklung erachtet wird, dient der Ausschluss von Frauen aus diesem Bereich der Machterhaltung von Männern. Die Techniksoziologie hat deutlich gemacht, dass Technologien nicht lediglich das Ergebnis der Anwendung rationaler technischer Erkenntnisse sind, sondern Ergebnisse spezifischer Entscheidungen, die von bestimmten Akteuren aufgrund bestimmter Interessen getroffen werden, z.B. der Einsatz von automatisierter Produktionstechnik zur Einsparung von Arbeitskräften. Durch die Marginalisierung von Frauen an diesen Entscheidungsprozessen können sie ihre Interessen bei der Technikentwicklung und -gestaltung nicht einbringen. Sie kommen mit den Ergebnissen technischer Entwicklungen erst nach deren Implementierung in Kontakt.

6.5 Der historische Hintergrund von Frauen in den Ingenieurwissenschaften

1908 räumte die Technische Hochschule Darmstadt als erste Frauen die Möglichkeit ein, das Studium technischer Fächer aufzunehmen; acht Monate später folgte Preußen. 1918 schrieben sich dann die ersten Studentinnen für die Fächer Maschinenbau und Elektrotechnik ein. Nach der Machtergreifung durch die Nationalsozialisten sank zunächst der Studentinnenanteil auch an den technischen Hochschulen. Aufgrund der kriegsbedingten Abwesenheit männlicher Fachkräfte sah man sich jedoch zu einer Erhöhung des Studentinnenanteils an den technischen Hochschulen gezwungen. Durch unterschiedliche Förderungsmaßnahmen stieg der Studentinnenanteil an den technischen Hochschulen von 2 % kurz vor Kriegsbeginn auf 17,5 % im Jahr 1943 (vgl. Hartmann/Sanner, 1997, S. 23ff.). An der Technischen Hochschule Darmstadt wurden Frauen erstmalig auf Oberingenieurs- und Assistentenstellen eingesetzt. In den Nachkriegsjahren wurden die Frauen dann aus ihren Beschäftigungsverhältnissen wieder verdrängt; entsprechend sank der Frauenanteil an den technischen Hochschulen auch wieder.

Zieht man ein Zwischenfazit, so scheinen Frauen je nach Konjunktur nachgefragt zu werden. In Kriegszeiten und anderen Krisensituationen werden Frauen offensichtlich trotz ihres Geschlechts als technikkompetent anerkannt. Wenn sie als "Schmutzkonkurrenz" zu Männern betrachtet werden, kommt die "weibliche Technikdistanz" ins Spiel. Die angebliche Technikdistanz von Frauen ist somit ein Begriff, mit dem bestimmte Interessen vertreten werden.

Gegenwärtig liegt der Frauenanteil in den Ingenieurwissenschaften bei 18 %. Maschinenbau und Elektrotechnik, die Fächer, die den größten Fachkräftebedarf haben, sind jedoch zugleich jene, in denen der Frauenanteil am niedrigsten ist. Deshalb setzt hier auch die eingangs dargestellte Werbekampagne an. Wie beschrieben, setzt sie an den sozialen Kompetenzen der Frauen an, die verstärkt gebraucht werden. Damit möchte man auch Mädchen erreichen, die sich aufgrund mangelnden Vertrauens in die eigenen mathematisch-naturwissenschaftlichen Leistungen, der Einseitigkeit der technischen Studiengänge und der besonderen Belastungen von Frauen in Männerdomänen gegen ein technisches Studium entscheiden. Wie ist die Erfolgswahrscheinlichkeit einzuschätzen?

Die Barrieren von Frauen in den "harten" Ingenieurfächern Maschinenbau und Elektrotechnik beruhen vor allem auf strukturellen Bedingungen wie den Machtverhältnissen, Interessenhierarchien und Ausgrenzungsmechanismen, die durch die herrschende Geschlechterordnung legitimiert sind. Im System der bipolaren Geschlechterdifferenz nimmt die Position der Männlichkeit eine dominante Position auch im Sinne einer Wertehierarchie ein. Wenn nun Frauen aufgrund ihrer sozialen Kompetenzen angeworben werden sollen, riskiert man, statt zu einer Aufwertung der Kompetenzen von Frauen zu einer Abwertung der als weiblich etikettierten Kompetenzen beizutragen. Ein Beispiel dafür, wie sich diese geschlechtsspezifischen Kompetenzzuschreibungen gegen Frauen wenden könnten, veranschaulicht das folgende Zitat:

"Frauen zunehmend in technische Berufe einzubinden, scheitert größtenteils an dem Einstellungsverhalten der Betriebe, respektive deren Personalabteilungen: aus deren Sicht liegt die Kompetenz der Frauen vorrangig in ihrem 'ausgewogenem Sozialverhalten' und ihren 'besonderen Sichtweisen': Eigenschaften, die bei den Arbeitgebern nur wenig gefragt sind. So finden sie nach einem Stellungswechsel häufig nur noch untergeordnete Tätigkeiten." (Hiller/Hiller, 1999, S. 64)

Weil die Rhetorik der Werbekampagne im Modus der Geschlechterdifferenz verharrt, trägt sie zur Verfestigung der bipolaren Konstruktion von Weiblichkeit und Männlichkeit bei. Daher bewirkt sie letztlich das Gegenteil dessen, was sie intendiert: Sie riskiert erneut Ausschluss, Segregation und Dequalifzierung statt Integration. Eine für die Frauen angemessene Integration in Männerdomänen hätte aber eine Entkopplung von Geschlechtszugehörigkeit und Tätigkeit zur Voraussetzung, da es bei der Desintegration nicht um die Qualifikation geht, sondern um den Habitus:

"Wenn Probleme im Berufsalltag der Ingenieurinnen auftreten, so nicht aufgrund fachlicher Defizite, sondern wegen der Abweichung vom männlichen Habitus – und dies trotz jahrelanger vorberuflicher Sozialisation und vielfältigen Anpassungsleistungen der Frauen. Der Druck zur Überanpassung an die Normen der Profession ist groß, insbesondere wenn es um Aufstieg geht, Ausdruck der Verteidigung eines exklusiv männlichen Machterritoriums." (Janshen/Rudolph, 1987, S. 260)

6.6 Ein Vergleich mit anderen Ländern

Für Deutschland lässt sich ein besonders konservatives Verhältnis der Konzepte von Männlichkeit, Weiblichkeit und Technik feststellen, welches sich in dieser Persistenz für kein anderes Feld aufdrängt. Das hat zur Folge, dass der Habitus und die aus der Praxis männlich dominierter Berufsfelder resultierenden strukturellen Bedingungen für viele Frauen wenig attraktiv sind, was Männer[53] wiederum darin bestätigt, dass Technikkompetenz und Weiblichkeit sich einander auszuschließen scheinen – was tendenziell einen unendlichen Regress zur Folge hat. Denn die sozial konstruierte, jedoch wie eine natürliche Gegebenheit erscheinende Symbiose von Männlichkeit und Technik bildet die Grundlage des männlichen Machterhalts im technischen Feld und schließt Frauen damit aus.

Dies lässt sich auch durch einen Vergleich mit anderen Ländern zeigen, in denen Technik für die gesellschaftliche Entwicklung traditionell nicht diese bedeu-

---

[53] In Gestalt von Mitschülern und Kommilitonen, Freunden, Ehemännern, Vätern, Lehrern, Personalverantwortlichen und Kollegen.

tende Rolle spielt und infolgedessen sozialhistorisch weder mit derart verfestigten Vorstellungen noch mit dem hohem Prestige frühindustrialisierter Länder verbunden ist, wie in Griechenland oder Portugal, die hinsichtlich des Anteils von Frauen im Ingenieurstudium führend in der Europäischen Union sind.[54] Auch in sozialistischen Ländern sind die Frauenanteile in technischen Disziplinen höher.[55] Nun existiert "natürlich" auch in diesen Ländern eine Geschlechterhierarchie, jedoch scheint dort das Stereotyp, dass Mädchen und Frauen aufgrund ihrer "biologischen" Geschlechtszugehörigkeit weniger begabt seien, Mathematik, Naturwissenschaften und Technik zu verstehen, weniger zu gelten. Ingenieurinnen in der früheren DDR wurden zwar seltener in Führungspositionen eingesetzt, "aber ihre Existenz war zumindest eine Selbstverständlichkeit. So hatten sie nach jahrelanger Berufserfahrung ... beim Kontakt mit den westdeutschen Kollegen zum ersten Mal das Erlebnis, als Exotin behandelt zu werden" (Molvaer/Stein, 1994, S. 47).

Dass bei der Besetzung von Führungspositionen Männer bevorzugt werden, verweist auf die allgemeine gesellschaftliche Hierarchie im Geschlechterverhältnis. Dasselbe gilt für Portugal und Griechenland. Der Unterschied zu Deutschland liegt darin, dass eine Beschäftigung in einem technischen Berufsfeld nicht derart im Widerspruch zur weiblichen Geschlechtsidentität steht. Tatsächlich kommen Molvaer/Stein in ihrer interkulturellen Vergleichsstudie zu dem

---

[54] In Portugal betrug 1996/97 der Frauenanteil bei den AbsolventInnen in den Ingenieurwissenschaften bereits 32.72 %. In Deutschland lag er im Vergleich dazu bei 12,38 %. Vgl. Kommission der Europäischen Gemeinschaft, 1999, S. 233.

[55] In den NBL lag der Frauenanteil in den ingenieurwissenschaftlichen Fächern vor der Wende deutlich über dem in den ABL. Vgl. Molvaer/Stein, 1994. Nach der Wende glichen sich die Zahlen innerhalb von zehn Jahren an und liegen nur noch geringfügig über den westdeutschen Zahlen.

Ergebnis, dass die griechischen Ingenieurinnen "weder die Erfahrungen ihrer westdeutschen Kolleginnen in bezug auf die 'Exotinnenrolle' und den 'ewigen Anfängerstatus' [teilen, d.V.] noch ihr Problem, nur als 'Ingenieur' oder 'Frau' akzeptiert zu werden. Dagegen fühlen sie sich eher fachlich akzeptiert." (Molvaer/Stein, 1994, S. 48)

7. Schlussbetrachtung

Ausgehend von einer aktuellen Werbekampagne und deren möglichen Erfolgsaussichten, widmete sich die vorliegende Arbeit dem Bemühen, den Ursachen für den niedrigen Frauenanteil in den "harten" ingenieurwissenschaftlichen Fächern, Maschinenbau und Elektrotechnik, auf die Spur zu kommen.

Ziel der Werbekampagne ist es, mehr junge Frauen zur Aufnahme eines ingenieurwissenschaftlichen Studienganges zu motivieren. Hintergrund der Kampagne ist einerseits die zu Beginn der 90er Jahre beobachtete Abnahme der männlichen Studienanfänger vor allem in den Kernfächern Maschinenbau und Elektrotechnik, andererseits ein von der Industrie für die kommenden Jahre angemeldeter gesteigerter Bedarf an Fachkräften, mithin eine sich immer weiter öffnende Schere. Und genau in dieser Situation entdeckt man – und dies nicht zum ersten Mal in der Geschichte – die Frauen als "Reservearmee".

Gleichzeitig hat sich das Anforderungsprofil für technische Fach- und Führungskräfte gewandelt. Es werden vermehrt Fähigkeiten gefordert, die sozialisationsbedingt stärker Frauen zugeschrieben werden. Die Werbekampagne nimmt diese Zuschreibungen auf und spricht in diesem Zusammenhang von den guten Berufsaussichten für Frauen in technischen Berufen aufgrund dieses gewandelten Anforderungsprofils. Die Vereinbarkeit von Familie und Beruf – ein Kriterium, das im Berufswahlprozess junger Frauen von großer Bedeutung ist – wird ebenfalls positiv dargestellt.

Im zweiten Kapitel wurden deshalb die Argumentationsfiguren anhand von Zitaten vorgestellt und auf implizite Aussagen hin betrachtet. Dabei konnte festgestellt werden, dass die Kampagne letztlich doch nur im Modus geschlechtsspezifischer Kompetenzzuschreibungen verharrt.

Im daran anschließenden Kapitel habe ich mich den Studien- und Berufsbedingungen von Ingenieurinnen der "harten" Ingenieurwissenschaften zugewendet. Die Analyse ergab eine hochgradige Diskrepanz zwischen der Rhetorik der Kampagne und der beruflichen Realität der Ingenieurinnen. Auf die Benachteiligung der Frauen wurde ausführlich eingegangen. Es stellte sich zudem heraus, dass die Benachteiligungen von Ingenieurinnen zumeist keine Frage mangelnder Qualifikation sind, sondern sich im hierarchisch strukturierten Geschlechterverhältnis begründen.

Das Geschlechterverhältnis und die ihm implizite bipolare Geschlechterasymmetrie wird als eine soziale Konstruktion betrachtet, der ein Herrschaftsverhältnis zugrunde liegt. Zur theoretischen Fundierung dieser Annahmen wurde die Habitustheorie Pierre Bourdieus herangezogen. Bourdieu widmet sich in seinen Arbeiten insbesondere der Erforschung der Reproduktionsmechanismen sozialer Macht. Seine theoretischen Überlegungen, die im vierten Kapitel von mir dargelegt wurden, sind für die Bearbeitung des Themas in hohem Maß geeignet. Vor diesem Hintergrund wird im nächsten Kapitel gezeigt, dass die Geschlechterdifferenz eine gesellschaftliche Konstruktion ist, die tief in den Habitus von Männern *und* Frauen *gleichermaßen* eingelassen ist. Durch geschlechtlich differenzierte Wahrnehmungs-, Denk- und Handlungsweisen, die sich auf alle Aspekte des Lebens beziehen, bildet sich die Geschlechtsidentität der Subjekte heraus. Die Geschlechterdifferenz konstituiert sich mittels eines Systems homologer Gegensatzpaare, das den Geschlechtern bipolare Eigenschaften, Fähigkeiten und Interessen zuschreibt, wobei die männlich konnotierten Zuschreibungen (technische Kompetenzen) gesellschaftlich höher bewertet werden als die weiblich konnotierten (soziale Kompetenzen).

Die sozial konstruierten Unterschiede werden durch die biologische Verschiedenheit und die Teilung der reproduktiven Arbeit begründet. Es zeigte sich jedoch, dass sowohl der Geschlechtskörper als auch die soziale Geschlechtsidentität gesellschaftliche Konstruktionen sind, denen bestimmte Vorstellungen sozialer Ordnung zugrunde liegen. Diese Ordnungsvorstellungen gehen über die soziale Praxis in den Habitus der Akteure ein. Wichtig für das hierarchische Geschlechterverhältnis ist, dass es nur durch das *gemeinsam* geteilte Erkennen und Anerkennen der Sichten und Einteilungen der Geschlechterdifferenz produziert und reproduziert wird. Dadurch, dass es sich auf einen scheinbar objektiven Sachverhalt beruft, den biologischen Geschlechtsunterschied, ist es vor der Entlarvung als einer naturalisierten sozialen Konstruktion besonders geschützt, denn da es sich sowohl in den äußeren Strukturen, z.B. den Institutionen wie der Familie, der Schule und den Hochschulen, niederschlägt, als auch in den mentalen Strukturen und den Techniken des Körpers, wird es als natürlich gegeben, oder wie es Bourdieu sagt, als *doxisch* erfahren. Die geschlechtsspezifischen Zuschreibungen wirken ihrerseits wie Vorurteile, so dass den Geschlechtern erschwert wird, Kompetenzen und Eigenschaften zu entwickeln, die nicht mit dem Geschlechterstereotyp in Einklang stehen. Für das Verhältnis von Mädchen/Frauen zur Technik bedeutet das, dass sowohl sie selbst als auch Jungen/Männer dazu tendieren, ihnen ihre technische Begabungen und Kompetenzen abzusprechen.

Ein weiterer Effekt der männlichen Herrschaft besteht darin, dass die "Beherrschten" mit der Verinnerlichung der Ordnungsvorstellungen auf sich selbst die gleiche Weltsicht anwenden. Da sie sich selbst gemäß dieser Wertehierarchie verorten, tragen sie ihrerseits zu der Aufrechterhaltung des hierarchischen Verhältnisses bei, in dem Frauen die untergeordnete Position einnehmen.

In der Praxis realisiert sich das Herrschaftsverhältnis in der geschlechtlichen Arbeitsteilung. Die geschlechtliche Arbeitsteilung, der eine Verpflichtung der Frauen auf reproduktive Aufgaben implizit ist, dient im Verein mit den geschlechtsspezifischen Zuschreibungen dazu, den Ausschluss von Frauen von hohen Positionen in den gesellschaftlichen Funktionen zu legitimieren. Das zeigt sich besonders am hochgradig geschlechtsspezifisch segregierten Arbeitsmarkt in "Männerberufe" und "Frauenberufe", wobei von einer bestimmten Hierarchieebene an alle Berufe "Männerberufe" sind. Die Definition, welche Tätigkeiten männlich und welche weiblich etikettiert werden, ist dabei durchaus variabel, der Herrschaftscharakter des Geschlechterverhältnisses bleibt demgegenüber erhalten.

Auf dem technischen Feld trifft der Habitus von Frauen und Männern auf die Strukturen des technischen Habitus. Technik selbst wird als eine soziale Konstruktion angenommen, da das, was kulturell jeweils als 'Technik' gilt, selbst offen für gesellschaftliche Definitionsprozesse ist. Die Konstruktionen von Männlichkeit, Rationalität und Technik weisen in westlichen Industriestaaten eine hohe Kongruenz auf, Weiblichkeit ist dagegen auf Soziales und Emotionalität, und d.h. Nicht-Technik festgelegt. Soziales ist gemäß der Geschlechterordnung in der gesellschaftlichen Wertschätzung nachrangig. Für die Mehrheit männlicher wie weiblicher Akteure schließen sich Weiblichkeit und Technikkompetenz aus. Für Ingenieurinnen hat dies zur Folge, dass sie sich in einem ständigen latenten Konflikt befinden zwischen ihrem geschlechtlich geprägten Habitus einerseits und dem dominanten Habitus des technischen Feldes andererseits, in dem Weiblichkeit mit Technikdistanz konnotiert ist. Möchten Frauen daher als fachlich kompetent angesehen werden, müssen sie sich als Frau unsichtbar machen und sich an die männlich dominierten sozialen und strukturellen Rahmenbedingungen anpassen. Doch bei aller Anpassung sind sie dort selten Gleiche unter Gleichen.

Auch gegenwärtig werden Mädchen und Frauen systematisch darin behindert, potentielle naturwissenschaftlich-technische Begabungen und Interessen zu entwickeln:

(1) Durch die familiale Praxis der traditionellen Arbeitsverteilung, in der Kinder ihre Mütter eher dabei erleben, dass sie sich um die tägliche Arbeit des Kochens, Putzens, Waschens etc. kümmern, während ihre Väter sich eher um kleinere Reparaturen kümmern, im Besitz von Werkzeug sind und diejenigen sind, die "herumbasteln". Mädchen werden häufig nicht angeregt, sich mit technischen Dingen zu beschäftigen, sich technisches Know-how zu erwerben; diese Erwartung wird eher an Söhne herangetragen. Jungen verfügen auch eher über einen eigenen Computer als Mädchen (vgl. Hannover/Bettge, 1992). Die Liste der Unterschiede, die einen Unterschied machen, ließe sich fortsetzen.

(2) Durch die schulische Praxis, in der die Vorstellungen der Geschlechterordnung fortgeschrieben werden: mittels geschlechtsspezifischer Kompetenzzuweisungen und -erwartungen, die Mädchen in geringerem Maße als Jungen darin unterstützen, sich mathematisch-naturwissenschaftliche Kompetenzen anzueignen und aktiv zuzuschreiben; aber auch durch die Gestaltung der mathematisch-naturwissenschaftlichen Fächer, die sich

eher an der Lebenswelt der Jungen orientiert, Jungen mehr Aufmerksamkeit schenkt, sowie die Tradierung von Geschlechterklischees in Schulbüchern und Interaktionsweisen zwischen Schüler-Innen und LehrerInnen (vgl. Hannover/Bettge, 1992, S. 14).

(3) Durch den Arbeitsmarkt, der für Mädchen/Frauen weitgehend segregiert ist. Dies hat zur Konsequenz, dass Frauen mit "geschlechtsuntypischen" Berufswünschen erheblich mehr Schwierigkeiten bei der Arbeitsplatzsuche haben und hartnäckigen Akzeptanzprobleme von Seiten männlicher Personalchefs und Fachkollegen begegnen als Frauen, die einen "geschlechtstypischen" Beruf gewählt haben (vgl. Teubner, 1989).

(4) Durch die symbolische Repräsentation der Verbindung von Männlichkeit und Technikkompetenz in den Medien, z.B. in der Werbung für technische Produkte. Technik wird darin als Männerkult inszeniert. Auch die Berufsverbände der Ingenieure spiegeln den männlichen Hintergrund wider. Unter den Vorsitzenden der Fachgruppen des VDI befindet sich keine Frau.[56]

(5) Und nicht zuletzt durch einen Begriff von "Technikkompetenz", der selbst hochgradig *gendered* ist: technische Kompetenzen von Frauen im Umgang mit Technologien werden nicht als solche definiert. Beispiel: Die Arbeit einer Krankenschwester auf einer Intensivstation erfordert einen kompetenten Umgang mit technischen Apparaturen. Technische Assistenzberufe werden häufig von Frauen besetzt. Krüger (1990) gibt an, dass 80 % aller Frauenarbeitsplätze mit neuen Technologien bestückt sind. Technikkompetenzen von Frauen werden aber in der Regel unter "Allgemeinwissen" eingeordnet und damit abgewertet. Durch die assoziative Verbindung von Männlichkeit und Technik wird oft übersehen, dass die meisten Männer nicht mehr Kompetenz im Umgang mit Technik haben als Frauen.

---

[56] Vgl. Krüger, 1990; Wissenschaftliches Sekretariat für die Studienreform im Land Nordrhein-Westfalen, 2000.

Deshalb müssen die Bemühungen einer Kampagne, die sich als Ziel die Steigerung des Frauenanteils in den Ingenieurwissenschaften gesetzt hat, auch auf der institutionellen Ebene ansetzen, nämlich dort, wo die Geschlechterdifferenz fortwährend produziert und reproduziert wird: in der Schule, in den Universitäten und Fachhochschulen, in den Unternehmen, und nicht zuletzt: in der Familie. Durch die Tradierung der geschlechtsspezifischen Arbeitsteilung ist nicht nur die Frage nach der Vereinbarkeit von Familie und Beruf für Mädchen ein wichtiges Kriterium bei der Berufswahl, sie beeinflusst auch die Bereitschaft der Unternehmen, Frauen einzustellen, an Weiterbildungsmaßnahmen teilhaben zu lassen und zu (be-)fördern. Wäre die reproduktive Arbeit eine gemeinsam geteilte Sorgepflicht beider Geschlechter, wäre sie den Frauen nicht in dem Maße zurechenbar, wie sie es gegenwärtig ist. Diese Frage wird jedoch nicht in der Kampagne angemessen und (selbst-)kritisch thematisiert. In diesem Zusammenhang müsste über eine Familien- und Sozialpolitik gesprochen werden, die Eltern flexible, sich an realen Arbeitszeiten orientierende Kinderbetreuungsangebote zur Verfügung stellt. Beide Geschlechter müssten aktiv angesprochen und einbezogen werden.

Der größte Schwachpunkt der Werbekampagne liegt jedoch darin, dass sie, anstatt zu einer Entflechtung von Geschlechtszugehörigkeit und Kompetenzzuschreibungen beizutragen, diese vielmehr bestätigt – mit einer Ausnahme: dass Frauen (neben ihren sozialen Kompetenzen) technikkompetent sind bzw. werden sollten. Auch wenn der Wunsch nach einer positiven Definition von Weiblichkeit im Sinne weiblicher Kompetenzen verständlich ist, sollte dies nicht dazu führen, gängige Polarisierungen zwischen männlich und weiblich zu nutzen, indem sie neu bewertet werden. In dieser Logik verhaftet, bleibt die Bedeutung von Weiblichkeit im Rahmen des gesellschaftlichen Herrschaftsverhältnisses und auch die Wirkung bestehender Identitätszwänge unsichtbar. In der Positivierung von Weiblichkeit bleiben Frauen (und Männer) gleichwohl in den Stereotypen befangen, innerhalb derer sie sich mittels Fremd- und Selbstzuschreibungen bewegen.

Der Begriff der Technikdistanz von Frauen hat sich teilweise als eine Strategie erwiesen, die den Ausschluss von Frauen aus hochqualifizierten technischen Berufen bezweckt. Strategie wird hier im Sinne Bourdieus verstanden, nämlich als eine vom Habitus der Akteure generierte Praxis. Es wird Frauen somit auf mehreren Ebenen erschwert, sich selbst technische Kompetenzen anzueignen und/oder zuzurechnen, weil Technik als Männermythos inszeniert wird.

Darüber hinaus beinhaltet der Begriff "Technikdistanz" zur Beschreibung des Verhältnisses von Frauen zur Technik eine Mangeldefinition von Frauen. Dieser angebliche Mangel im Umgang mit Technik lässt sich widerlegen anhand der Tatsache, dass die meisten Frauen in ihrer beruflichen Arbeit technische Geräte bedienen müssen. An der Aufnahme eines Studiums für einen hochqualifizierten technischen Beruf besteht offensichtlich dann (mehr) Interesse, wenn sich die Rahmenbedingungen ändern, wie sich an der Erhöhung der Frauenanteile nach der Einrichtung geschlechtshomogener Studiengänge an den Fachhochschulen Bielefeld und Wilhelmshaven zeigte.[57] Auch betraf die Kritik von Ingenieurinnen und Ingenieurstudentinnen vorrangig nicht die Inhalte des Studiums und der Berufstätigkeit. Im Gegenteil: Berufstätige Ingenieurinnen beschreiben ihre Arbeit als interessant, vielseitig und herausfordernd. Unbehagen und Kritik betreffen jedoch die sozialen und strukturellen Bedingungen der Ingenieurtätigkeit.[58]

Viele der jungen Frauen, die sich in den zitierten Studien der 80er Jahre für ein ingenieurwissenschaftliches Studium entschieden haben, taten dies in bewusster Abgrenzung zu traditionellen weiblichen Lebensentwürfen (vgl. Rundnagel, 1986; Janshen/Rudolph, 1987). Sollte eine solcherart getroffene Entscheidung auch zukünftig die Voraussetzung für die Aufnahme eines ingenieurwissen-

---

[57] Vgl. WDR-Hörfunkmanuskript: Durch die Einrichtung eines Studiengangs nur für Frauen im Fach Wirtschaftsingenieurwesen stieg der Frauenanteil bei den Wirtschaftsingenieuren in Wilhelmshaven von 3 auf 48 %. Die Fachhochschule Bielefeld richtete 1998 einen Frauenstudiengang Elektrotechnik mit Schwerpunkt Energieberatung und -marketing ein. Daraufhin schrieben sich 24 Frauen ein, fast soviel wie bis dahin an allen zwölf Fachhochschulen NRWs Elektrotechnik studieren.

[58] Vgl. Janshen/Rudolph, 1987; Rundnagel, 1986; Schwarze, 1998.

schaftlichen Studiums in den Fächern Maschinenbau und Elektrotechnik sein, so wird sich der Frauenanteil nicht erheblich steigern lassen. Es ist dagegen anzunehmen, dass die Mehrheit der jungen Frauen sich eher in ihren Lebensentwürfen an weiblichen Vorbildern orientiert und sich mit der eigenen Geschlechtszugehörigkeit, wenn auch nicht bruchlos, aber im großen und ganzen identifiziert. Wenn diese Frauen motiviert werden sollen, muss sich wie oben beschrieben einiges wandeln.

"Somit stellt sich nicht die Frage nach der Bewährung von Frauen in diesem Beruf, sondern die nach der Bewährung des Berufs für Frauen. Eine positive Beantwortung wäre an die Voraussetzung gebunden, dass nicht nur deutlich mehr Frauen sich für den Ingenieurberuf entscheiden, sondern dass ihnen auch professionelle Entwicklungsmöglichkeiten eröffnet werden – und zwar ohne übermäßige Kosten. Der Zugang allein ... reicht nicht, damit Frauen in die Ingenieurprofession integriert werden und dabei ihr innovatives Potential nicht blockiert wird." (Janshen/Rudolph, 1987, S. 260)

Die Frage nach der Bewährung des Berufs für Frauen ist bislang nicht angemessen beantwortet. Alles in allem gibt es somit nicht nur einen erhöhten Nachfragebedarf an Frauen als Technikerinnen, sondern einen Änderungsbedarf in Bezug auf die diskutierte Werbekampagne und das Selbstverständnis des technischen Feldes insgesamt, soll sich an den beklagten Verhältnissen wirklich etwas zum Besseren ändern. Es bleibt abzuwarten, wie weit der Reformwille aller Beteiligten und Betroffenen reicht.

Literaturverzeichnis

Baudelot, Christian/Establet, Roger (1997): Mathematik am Gymnasium: Gleiche Kompetenzen, divergierende Orientierungen. In: Irene Dölling/Beate Krais (Hg.): Ein alltägliches Spiel. Geschlechterkonstruktionen in der sozialen Praxis. Frankfurt a.M., S. 285 – 308.

Bauer, Friederike (2000): Das "Jahrhundert der Frauen"hat gerade erst begonnen. Noch immer Nachholbedarf in Politik und Wirtschaft, in: FAZ vom 6.6.2000, S. 6.

BMBF (2000): Beruf: Ingenieurin. Be.ing – In Zukunft mit Frauen. Bonn.

Berg-Peer, Janine (1981): Ausschluss von Frauen aus den Ingenieurwissenschaften. Berlin.

Bourdieu, Pierre (1976): Entwurf einer Theorie der Praxis auf der ethnologischen Grundlage der kabylischen Gesellschaft. Frankfurt a.M.

Bourdieu, Pierre (1983): Ökonomisches Kapital, kulturelles Kapital, soziales Kapital. In: Reinhard Kreckel (Hg.): Zur Theorie sozialer Ungleichheit. Soziale Welt, Sonderband 2, Göttingen, S. 183–198.

Bourdieu, Pierre (1985): Sozialer Raum und "Klassen". Leçon sur la leçon. Zwei Vorlesungen. Frankfurt a.M.

Bourdieu, Pierre (1987): Sozialer Sinn. Kritik der theoretischen Vernunft. Frankfurt a.M.

Bourdieu, Pierre (1992): Rede und Antwort. Frankfurt a.M.

Bourdieu, Pierre (1997): Die männliche Herrschaft. In: Irene Dölling/Beate Krais (Hg.): Ein alltägliches Spiel. Geschlechterkonstruktionen in der sozialen Praxis. Frankfurt a.M, S. 153–217.

Bourdieu, Pierre/Boltanski, Luc/de Saint Martin, Monique/Maldidier, Pascal (1981): Titel und Stelle. Über die Reproduktion sozialer Macht. Frankfurt a.M.

Braszeit, Anne/Müller, Ursula/Richter-Witzgall, Gudrun/Stackelbeck, Martina (1989): Einstellungsverhalten von Arbeitgebern und Beschäftigungschancen von Frauen. Der Bundesminister für Arbeit und Sozialordnung (Hg.). Bonn.

Bruder, Klaus-Jürgen (1990): Männliche Sozialisation und ihre Folgen für die Einstellung zur Technik. In: Bernd Schorb/Renate Wielpütz (Hg): Basic für Eva? Frauen und Computerbildung. Opladen, S. 41–58.

Bundesanstalt für Arbeit (Hg.) (1998): Ingenieure. Informationen für Arbeitnehmerinnen und Arbeitnehmer in Ingenieurberufen. In: Ihre berufliche Zukunft (ibz), Heft 25.

Bundesanstalt für Arbeit (Hg.) (1998): Spezial: Frauen im Ingenieurwesen. In: UNI-Magazin Heft 6/98.

Cockburn, Cynthia (1988): Die Herrschaftsmaschine. Geschlechterverhältnisse und technisches Know-how. Berlin/Hamburg.

Collmer, Sabine (1999): Genderisierte Technik: Entwicklungslinien der Theoriebildung und empirische Befunde. In: Sabine Collmer/ Peter Döge/ Brigitte Fenner (Hg.):Technik – Politik – Geschlecht: Zum Verhältnis von Politik und Geschlecht in der politischen Techniksteuerung. Bielefeld. S. 55-75.

d i b (Deutscher Ingenieurinnen Bund e.V.) (Hg.) (1998): Wie geht's, wie steht's, Frau Dipl.-Ing.? Zur Situation von Ingenieurinnen. Rundbrief Nr. 45.

Dölling, Irene (1990): Der Mensch und sein Weib. Berlin.

Dölling, Irene/Krais, Beate (Hg.) (1997): Ein alltägliches Spiel. Geschlechterkonstruktionen in der sozialen Praxis. Frankfurt a.M.

Ebach, Judith (1994): Der Rückgang des Frauenanteils in der Informatik – Überlegungen zu möglichen Ursachen aus psychologischer Sicht. In: Zeitschrift für Frauenforschung. 12. Jahrgang, Heft 3, S. 16–27.

Erb, Ulrike (1994): Technikmythos als Zugangsbarriere für Frauen zur Informatik? In: Zeitschrift für Frauenforschung, 12. Jahrgang, Heft 3, S. 28–40.

Erb, Ulrike (1996): Frauenperspektiven auf die Informatik: Informatikerinnen im Spannungsfeld zwischen Distanz und Nähe zur Technik. Münster.

Faulstich-Wieland, Hannelore (1987a): "Mädchenbildung und neue Technologien"– Ein Forschungs- und Entwicklungsprojekt in Hessen. In: Zeitschrift für Frauenforschung, 5. Jahrgang, Heft 1 + 2, S. 75–95.

Faulstich-Wieland, Hannelore (1987b): Pionierinnen oder Außenseiterinnen? – Mädchen und Informatik. In: Zeitschrift für Frauenforschung, 5. Jahrgang, Heft 1 + 2, S. 97–118.

Frauen in Naturwissenschaft und Technik? Ausgezeichnet! In: Brigitte 6/2000, S. 172.

Frerichs, Petra/Steinrücke, Margareta (Hg.) (1993): Soziale Ungleichheit und Geschlechterverhältnisse. Opladen.

Gebauer, Gunter (1997): Kinderspiele als Ausführung von Geschlechtsunterschieden. In: Irene Dölling/Beate Krais (Hg.): Ein alltägliches Spiel. Geschlechterkonstruktionen in der sozialen Praxis. Frankfurt a.M., S. 259–284.

Geier, Manfred (2000): Am Anfang war die Täuschung. Menschlichkeit ist auch eine Technik: Pandoras Töchter. In: FAZ vom 16.12.2000, Beilage *Bilder und Zeiten*, S. 6.

Gildemeister, Regine (1992): Die soziale Konstruktion von Geschlechtlichkeit. In: Ilona Ostner/Klaus Lichtblau (Hg.): Feministische Vernunftkritik: Ansätze und Traditionen. Frankfurt/New York, S. 220–239.

Greif, Moniko/Stein, Kira (1996): Ingenieurinnen: Daniela Düsentrieb oder Florence Nightingale der Technik. Mössingen-Talheim.

Hannover, Bettina/Bettge, Susanne (1992): Mädchen und Technik. Göttingen.

Hartmann, Corina/Sanner, Ute (Hg.) (1997): Ingenieurinnen: Ein unverzichtbares Potential für die Gesellschaft. Wissenschaftlerinnen-Forum an der TU Berlin, Bd. 3. Kirchlinteln.

Hausen, Karin (1976): Die Polarisierung der "Geschlechtscharaktere"– Eine Spiegelung der Dissoziation von Erwerbs- und Familienleben. In: Wilhelm Conze (Hg.): Sozialgeschichte der Familie in der Neuzeit Europas. Stuttgart, S. 363–393.

Hengstenberg, Heike (1992): Ingenieurinnenarbeit ist auch anders zu gestalten! In: Angelika Wetterer (Hg.): Profession und Geschlecht. Über die Marginalität von Frauen in hochqualifizierten Berufen. Frankfurt/New York, S. 187–204.

Heppner, Gisela/Osterhoff, Julia/Schiersmann, Christiane/Schmidt, Christiane (1998): Mädchen und Neue Technologien – Zugangsweisen und Zugangsmöglichkeiten im Kontext schulischer Bildung. In: Zeitschrift für Frauenforschung, 7. Jahrgang, Heft 3, S. 67–88.

Hiller, Karin-Eva/Hiller, Dr. Hans-Jürgen (1999): Ingenieurinnen Ostdeutschlands nach der Wende. In: Koordinationsstelle der Initiative Frauen geben Technik neue Impulse (Hg): Strategien des beruflichen Neueinstiegs von Ingenieurinnen in den neuen Bundesländern. Bielefeld, S. 55–69.

Hoffmann, Ute (1989): "Frauenspezifische" Zugangsweisen zur (Computer-) Technik. Für und wider ein Konzept der Frauen-Forschung. In: Technik und Gesellschaft, Heft 5. S. 159-174.

Huber, Susanne/Rose, Marina (Hg.) (1994): Frauenwege. Frauen in mathematisch-naturwissenschaftlichen und technischen Berufen. Mössingen-Talheim.

Immenkötter, Mechthild/Pauls, Margarete (1985): Frauen im Ingenieurberuf: Bericht eines Symposiums. Düsseldorf.

Janning, Frank (1998): Das politische Organisationsfeld. Politische Macht und soziale Homologie in komplexen Demokratien. Opladen.

Janshen, Doris/Rudolph, Hedwig et al. (1987): Ingenieurinnen: Frauen für die Zukunft. Berlin/New York.

Klage über Mangel an guten Ingenieuren. In: Südhannoversche Zeitung, Ausgabe vom 22.4.1998.

Knapp, Gudrun (1989): Männliche Technik – weibliche Frau? Zur Analyse einer problematischen Beziehung. In: Dietmar Becher/Regina Becker-Schmidt/Gudrun Axeli Knapp/Ali Wacker: Zeitbilder der Technik. Essays zur Geschichte von Arbeit und Technologie. Bonn.

Kommission der Europäischen Gemeinschaft (Hg.) (1999): Schlüsselzahlen zum Bildungswesen in Europa.

Koppetsch, Cornelia/Burkart, Günter (1999): Die Illusion der Emanzipation: zur Wirksamkeit latenter Geschlechtsnormen im Milieuvergleich. Konstanz.

Kosuch, Renate (Hg.) (1996): Berufsziel: Ingenieurin. Aufbruch in die / der Technik. Weinheim.

Krais, Beate (1989): Soziales Feld, Macht und kulturelle Praxis. Die Untersuchungen Bourdieus über die verschiedenen Fraktionen der "herrschenden Klasse" in Frankreich. In: Klaus Eder (Hg.): Klassenlage, Lebensstil und kulturelle Praxis. Theoretische und empirische Beiträge zur Auseinandersetzung mit Pierre Bourdieus Klassentheorie. Frankfurt a.M., S. 47–70.

Krais, Beate (1993): Geschlechterverhältnis und symbolische Gewalt. In: Gunter Gebauer/Christoph Wulf (Hg.): Praxis und Ästhetik: neue Perspektiven im Denken Pierre Bourdieus. Frankfurt a.M., S. 208–250.

Kreckel, Reinhard (1992): Soziale Ungleichheit im Geschlechterverhältnis. In: Ders.: Politische Soziologie der sozialen Ungleichheit. New York / Frankfurt a.M., S. 212–284.

Krüger, Helga (1990): Gehören technische Fähigkeiten vielleicht auch zum "weiblichen Arbeitsvermögen"? In: Ursula Rabe-Kleberg (Hg.): Besser gebildet und doch nicht gleich! Frauen und Bildung in der Arbeitsgesellschaft. Hannover, S. 141–159.

Kuark, Julia K. (1997): Ingenieurinnen: Frauen in der männlichen Tradition des Ingenieurwesens. In: Corina Hartmann/Ute Sanner (Hg.): Ingenieurinnen: Ein unverzichtbares Potential für die Gesellschaft. Wissenschaftlerinnen-Forum an der TU Berlin, Bd. 3. Kirchlinteln, S. 47–59.

Laqueur, Thomas (1996): Auf den Leib geschrieben. Die Inszenierung der Geschlechter von der Antike bis Freud. München.

Maihofer, Andrea (1995): Geschlecht als Existenzweise. Frankfurt a.M.

Maruani, Margaret (1997): Die gewöhnliche Diskriminierung auf dem Arbeitsmarkt. In: Irene Dölling/Beate Krais (Hg.): Ein alltägliches Spiel. Geschlechterkonstruktionen in der sozialen Praxis. Frankfurt a.M., S. 48–72.

Meck, Georg/Sammet, Stefanie/Schwab, Fritz(2000): Frauenförderung. Am Ziel vorbei. In: Focus 10/2000, S. 262–266.

Metz-Göckel, Sigrid et al. (1991): Mädchen, Jungen und Computer. Geschlechtsspezifisches Sozial- und Lernverhalten beim Umgang mit Computern. Opladen.

Ministerium für die Gleichstellung von Frau und Mann des Landes Nordrhein-Westfalen (Hg.) (1992): Frauen in natur- und ingenieurwissenschaftlichen Berufen. Chancen und Hemmnisse. Düsseldorf.

Minks, Karl-Heinz/Bathke, Gustav-Wilhelm (1993): Berufliche Befindlichkeit von Ingenieurinnen in den neuen Ländern. Kurzinformation A1/93. Hg.: HIS Hochschulinformationssystem GmbH, Hannover.

Minks, Karl-Heinz (1996): Frauen aus technischen und naturwissenschaftlichen Studiengängen – Ein Vergleich der Berufsübergänge von Absolventinnen und Absolventen. Hochschulplanung Band 116. Hannover.

Minks, Karl-Heinz/Heine, Christoph/Lewin, Karl (1998): Ingenieurstudium. Daten, Fakten, Meinungen. Hg.: HIS Hochschulinformationssystem GmbH, Hannover.

Molvaer, Janitha/Stein, Kira (1994): Ingenieurin – warum nicht? Berufsbild und Berufsmotivation von zukünftigen Ingenieurinnen und Ingenieuren. New York/Frankfurt a.M.

Müller, Hans-Peter (1986): Kultur, Geschmack und Distinktion. Grundzüge der Kultursoziologie Pierre Bourdieus. In: Friedhelm Neidhardt/M. Rainer Lepsius/Johannes Weiss (Hg.): Kultur und Gesellschaft. Sonderheft 27 der KZfSS, Opladen, S. 162–190.

Parmentier, Klaus/Schade, Hans-Joachim/Schreyer, Franziska (1998): Akademiker/innen – Studium und Arbeitsmarkt: Ingenieurwissenschaften. In: Materialien aus der Arbeitsmarkt- und Berufsforschung (MatAB) des Instituts für Arbeitsmarkt- und Berufsforschung (Hg.), Heft 1.

Rabe-Kleberg, Ursula (Hg.) (1990): Besser gebildet und doch nicht gleich! Frauen und Bildung in der Arbeitsgesellschaft. Hannover.

Roloff, Christine/Evertz, Brigitte (1992): Ingenieurin (k)eine lebbare Zukunft. Vor-Urteile im Umfeld von Gymnasiastinnen an der Schwelle der Leistungskurswahl. Weinheim.

Roloff, Christine/Metz-Göckel, Sigrid (1995): Das Potentiale-Konzept und Debatten der Frauenforschung. In: Angelika Wetterer (Hg.): Die soziale Konstruktion von Geschlecht in Professionalisierungsprozessen. Frankfurt/New York, S. 263–286.

Roloff, Christine (1996): Geschlechterverhältnis und Erwerb technischer Kompetenzen. In: Renate Kosuch (Hg.): Berufsziel: Ingenieurin. Aufbruch in die / der Technik. Weinheim, S. 39–52.

Rundnagel, Regine (1986): Integrationsprobleme von Ingenieurinnen in den ersten Berufsjahren. Wiesbaden.

Schaare, Franziska/Schneider, Katja/Fischbach, Michaela/van Rüth, Petra (1994): "Ich will nicht gefördert werden, ich will nur nicht behindert werden." Zur Situation von Studentinnen an technischen Fachbereichen. Hg.: Die zentrale Frauenbeauftragte der TU Berlin. Berlin.

Schwarze, Barbara (Hg.) (1998): Frauen im Ingenieurstudium an Fachhochschulen. Geschlechtsspezifische Aspekte in Lehre und Studium. Abschlußbericht des Bund-Länder-Modellversuchs, Fachhochschule Bielefeld. Bielefeld.

Schreyer, Franziska (1999): Studienfachwahl und Arbeitslosigkeit: Frauen sind häufiger arbeitslos – gerade wenn sie ein "Männerfach" studiert haben. In: Koordinationsstelle der Initiative Frauen geben Technik neue Impulse (Hg.): Strategien des beruflichen Neueinstiegs von Ingenieurinnen in den neuen Bundesländern. Bielefeld, S. 111–121.

Teubner, Ulrike (1989): Neue Berufe für Frauen. Modelle zur Überwindung der Geschlechterhierarchie im Erwerbsleben. Frankfurt/New York.

THINK ING. - Informationen zu Ingenieurstudium und Ingenieurberuf (Hg) (1999): Ingenieur. Ein Beruf mit Zukunft.

Tischer, Ute (1999): Situation und Tendenzen auf dem Arbeitsmarkt für Ingenieurinnen. Referat für Frauenbelange der Bundesanstalt für Arbeit (Hg.). Nürnberg.

VDI (1996): Ingenieurbedarf heute und in Zukunft. URL: http://www.vdi.de.

VDI (1997): Ingenieur – Berufsbild im Wandel. Beilage *Fazit* zur Wochenzeitung VDI Nachrichten vom 12.12.1997. Düsseldorf.

Wajcman, Judy (1994): Technik und Geschlecht: die feministische Technikdebatte. Frankfurt/New York.

Walter, Christel (1998): Technik, Studium und Geschlecht, Was verändert sich im Technik- und Selbstkonzept der Geschlechter? Opladen.

Westdeutscher Rundfunk (1999) Sendemanuskript-Hörfunk: Leonardo – Wissenschaft und mehr. Frauen und Technik. Neue Chancen für Ingenieurinnen. Sendung vom 29.07.1999. Band-Nr. 151 106.

Wetterer, Angelika (Hg.) (1992): Profession und Geschlecht. Über die Marginalität von Frauen in hochqualifizierten Berufen. Frankfurt/New York.

Wetterer, Angelika (1993): Professionalisierung und Geschlechterhierarchie. Vom kollektiven Ausschluss zur Integration mit beschränkten Möglichkeiten. Kassel.

Wetterer, Angelika (Hg.) (1995): Die soziale Konstruktion von Geschlecht in Professionalisierungsprozessen. Frankfurt/New York.

Wissenschaftliches Sekretariat für die Studienreform im Land Nordrhein-Westfalen (Hg.) (2000): Ingenieurinnen erwünscht! Handbuch zur Steigerung der Attraktivität ingenieurwissenschaftlicher Studiengänge für Frauen. Bochum.

Zimmermann, Birgit (1999): Ingenieurinnen-Mangel in der Industrie. Hannover Messe: Die Branche sucht weiblichen Nachwuchs. In: General-Anzeiger vom 24./25.4.1999.

Anhang

Studienfächer der Ingenieurwissenschaften im Detail

Architektur

Bauingenieurwesen

Bauingenieurwesen/Ingenieurbau
Wasserwirtschaft
Stahlbau
Verkehrsbau
Wasserbau

Maschinenbau

Maschinenbau/-wesen
Luft- und Raumfahrttechnik
Energietechnik (ohne Elektrotechnik)
Fertigungs- und Produktionstechnik
Schiffbau/Schiffstechnik
Verkehrsingenieurwesen
Metalltechnik
Fahrzeugtechnik
Versorgungstechnik
Transport-/Fördertechnik

Elektrotechnik

Elektrotechnik/Elektronik
Nachrichten-/Informationstechnik
Elektrische Energietechnik
Mikrosystemtechnik
Optoelektronik
Mikroelektronik

Fertigungsingenieurwesen

Bergbau/Bergtechnik
Lebensmitteltechnologien
Brauwesen/Getränketechnologie
Druck- und Reproduktionstechnik
Hütten- und Gießereiwesen
Markscheidewesen
Glastechnik/Keramik
Kunststofftechnik
Textil- und Bekleidungstechnik/-gewerbe
Milch- und Molkereiwirtschaft

Wirtschaftingenieurwesen

Sonstige (Auswahl)

Agrarwissenschaft/Landwirtschaft
Umweltschutz
Landespflege/Landschaftsgestaltung
Vermessungswesen (Geodäsie)
Raumplanung
Umwelttechnik
Forstwissenschaft/-wirtschaft
Gartenbau
Werkstoffwissenschaften
Verfahrenstechnik